一本向你揭示远东大师惊人秘密的书

秘密全书

张 婕 编译

光明日报出版社

图书在版编目（CIP）数据

秘密全书 / 张婕编译 . -- 北京：光明日报出版社，2012.1（2025.1 重印）

ISBN 978-7-5112-1895-7

Ⅰ . ①秘… Ⅱ . ①张… Ⅲ . ①成功心理 – 通俗读物 Ⅳ . ① B848.4–49

中国国家版本馆 CIP 数据核字 (2011) 第 225279 号

秘密全书

MIMI QUANSHU

编　译：张　婕		
责任编辑：李　娟		责任校对：一　苇
封面设计：玥婷设计		封面印制：曹　净

出版发行：光明日报出版社

地　　址：北京市西城区永安路 106 号，100050

电　　话：010-63169890（咨询），010-63131930（邮购）

传　　真：010-63131930

网　　址：http://book.gmw.cn

E – mail：gmrbcbs@gmw.cn

法律顾问：北京市兰台律师事务所龚柳方律师

印　　刷：三河市嵩川印刷有限公司

装　　订：三河市嵩川印刷有限公司

本书如有破损、缺页、装订错误，请与本社联系调换，电话：010-63131930

开　本：170mm×240mm		
字　数：168 千字		印　张：11
版　次：2012 年 1 月第 1 版		印　次：2025 年 1 月第 3 次印刷

书　号：ISBN 978-7-5112-1895-7

定　价：39.80 元

序　言

　　我们生活的宇宙中存在着一个秘密的终极法则，它主宰一切，成就一切。自有人类以来，人们就在不断探索寻求这一法则，希望通过遵循这一法则实现人类共同的梦想——拥有健康、财富、成功，从而彻底掌握自己的命运。在人类发展的漫长征途上，这一法则曾被多次发现过，并口口相传，但后来又失传了。古代的各种族、部落也曾对此有一些模糊的暗示，这一点可以从古代流传下来的民间故事和寓言中得到证明，如阿拉丁神灯的故事和阿里巴巴打开财富大门"芝麻开门"的咒语。

　　随着人类文明的不断发展和繁荣，宇宙的秘密法则越来越被浩若烟海、细枝繁节的表层知识所掩盖，人们越来越局限在狭小的范围里，像盲人摸象一样无法把握这一法则的整体。然而在历史寥廓的天空中仍闪烁着一些明星般的人物，他们凭借出类拔萃的领悟能力，自觉或不自觉（大多数情况下是不自觉）地洞见了这一秘密的存在，并遵循其行事，从而成就了各自的伟业，如柏拉图、阿基米德、牛顿、莎士比亚、贝多芬、富兰克林、林肯、杰克逊、卡内基、洛克菲勒、爱迪生、爱因斯坦……相对于他们所处时代人类的总人口而言，他们的数量极为有限，寥若晨星，屈指可数，然而正是他们创造了人类文明，改变了国家、民族甚至整个人类的命运。

　　时至今日，随着社会分工不断细化，宇宙的终极法则已距离人们的生活越来越遥远。然而在古老的东方，一些数量极为稀少的神奇瑜伽大师仍然掌握着人生的终极法则。这些大师可以源源不断地从宇宙的能量库中汲取力量，具有超凡的生机和影响力，他们长期地保持体格强健，精力充沛，并延年益寿，有的大师甚至可操纵和利用自然界中的无形力量，随意成就自己渴望的事物。只要他们愿意，获得财富和成功对他们来说触手可及。

如果你正在寻找途径改变自己的生活，渴望获得健康、爱情、财富和成功，那么拿起本书吧，有了它的帮助，你不必再在人类浩瀚的智慧烟海中苦苦寻索，更不必远走异国去学习。本书凝聚了4000多年来远东地区大师们的宝贵智慧，读懂了本书，你即可彻底了解主宰你生命、健康、财富、成功和整个世界的大秘密，同时，书中讲述的理念可以轻而易举地直接运用到日常生活中，你不需要进行试验，也不需怀疑和猜测，只需每天几分钟的实践，就可以找到通向宇宙能量宝库的大门，从中不断汲取力量，变得更加健康、更加富有、更加成功、更加快乐！本书将给你的人生带来神奇的转变。

目　录

第一章

你所掌控的力量

世界已经做好了揭秘的准备，只要我们知晓如何叩启，如何给予必要的推力……人类思想的力量没有极限。

——斯瓦米·韦委卡南达

无数世纪以来，人们始终把精力与重点放在追求金色梦想上。对金色梦想的称谓，每个时代各有不同。以前，它是被称为点金石、不老泉、黄金国、希伯来等的 7 座城；如今，我们将其称为成功或快乐。与从前相比，如今的寻梦者多了数百万人，然而，在竞争的密林中，能够找到梦想的人寥寥无几。每当我们靠近梦想时，它就消失不见了，随后又出现在较远的地方，就如同诱人但却触摸不到的海市蜃楼一般。

梦想是否永远会在召唤着我们的同时又躲避着我们呢？在这个世界上，是否只有少数人获得宠爱，而大多数人都注定要在迷茫与绝望中耗尽生命呢？

我们确实是在忧虑与担心中度过了我们的时光。夏季，我们辛苦地劳作，因为我们知道冬季即将到来。然而，无论我们多么辛苦地劳动，供给却没有增长。我们就如同勤奋的蚂蚁一般无助，在逆境之中迷失了方向。

我们是如此渺小，然而，在我们每个人的内心深处却有着伟大的梦想。它向我们低语：我们体内蕴藏着巨大的潜能，如果我们知道如何将潜能发挥出来，便能够凌驾于周围的环境之上。

也许这并不仅仅是梦想而已。有时我们所呈现出的力量远远超乎我们的预料，这种感觉是如此强烈、如此深刻，以至于使我们意识到，我们不再是卑微的生物——安全与快乐是我们与生俱来的权利。只要我们能够找到实现财富梦想与成功梦想的方法，并忠诚且坚忍不拔地切实执行这种方法，将会有助于我们发现自我，有助于我们成为自己想要成为的人！

古老的掌控之术

这种方法是白日梦，是虚幻的点金石吗？犬儒学派的人答道："是的。"然而，在整个东方以及西方的文明之中，却有无数的声音大声回答道："不是！"神奇的方法确实存在，而且已经存在了数千年之久！在遥远的印度、锡兰以及中国居住的虔诚的远东大师们发现了这种方法。

很久以前，古人探究了自然的核心，了解了自然最深处的秘密。这些大师不仅看穿了宇宙的结构——不论是有生命的还是无生命的，而且还发现了掌控人类生活的秘密法则。这些大师运用自己的学识成就了丰功伟绩，创造了地球上的天堂。即使是今天，他们的门徒仍能得到人类所期望的一切美好事物，仍能驱除身体的疾病，大幅延长青春年限，远离担心与忧虑，仍然过着极其幸福的生活。

东方的神秘主义圈

直到今天，仍有一些希望学习大师理论的人会前往亚洲，寻找能够向他们言传古代宗教智慧的上师或导师。这些真理搜寻者们大部分都失望而归，因为上师的数量非常稀少，而且每位上师只收几个学生；先知们来之不易的秘密并不会像普通商品那样面向众人。有资格进入东方神秘主义圈的人，首先必须有很好的梵文基础，因为瑜伽修行者们是用这种古代亚洲语言来传授知识的。学生必须心地纯洁，而且要乐意经历长期的准备工作，才能学到宇宙力量的秘密。

然而，有了这本书的帮助，你无须在异国他乡学习数年，即可掌握大师的秘密。用不了多久，你将会手持开启神奇力量的钥匙——在过去的时代中，它们始终被视为奇迹。由于本书为你提供了瑜伽的简易练习方法，而且与西方的思考方式相融合，因此，每天的实践练习非常重要。本书遵循着《白净识者奥义书》的原则：对学校与导师的奉献，将会换来甘露，就如同蜜蜂从花丛中采蜜一般。另外，本书以罗王的教义为基础，基于因果报应以及东方宗教书籍上所载的哈他瑜伽。书中包括佛陀释迦牟尼、帕坦伽利、斯瓦米·韦委卡南达、拉玛克里胥那、圣雄甘地以及其他伟大的东方大师们的深奥课程，这些大师点燃了智慧的火炬，引导人们逐步走向成功与快乐。

收效甚快

通过应用本书中所述的远东智慧，你将会掌控让自己的一切梦想成真的方法。你将学会应用供给法则，这样，你的口袋永远都不会空空如也。你将学会激活潜藏在自己潜意识思想之中的无可限量的天赋资源，这些资源可以使你在工作中大展宏图，进而使收入增加数十倍；也可以使你找到通往成功的新行业，这种成功将会远远超出你的期望。你将会得到财富、健康、社会地位以及你想要的一切，甚至更多。

不要以为获取这些力量需要借助神奇的魔力。你只需学会大师们经过数千年研究与冥想而发现的潜在法则，并将其应用在自己身上即可。在你掌控了自己的力量之后，将会迅速收到效果。无可置疑，你将会迅速成为自己想要成为的快乐之人、有影响力之人。

如果你能够切实遵行本书中所述的绝对安全且经过验证的方法，那么你也可以轻易获得瑜伽修行大师的力量。在此你不会看到胡言乱语或欺瞒，因为作者旨在帮助读者，而非迷惑读者。本书不会教你如何控制蛇或是如何玩印度的绳子把戏，因为它们有很大的欺骗成分，不过是骗子们用来赚取金钱的工具。本书将会教你精神力量与思想控制的法则，正是这些法则从远古时代开始，造就了一代代的远东大师与先知。

瑜伽力量可以带来声望与健康

我认识很多知名人士，他们从远东大师那里学到了一些知识，并将这些知识运用在我们自己的国家中，进而成就了伟大的成功。其中之一就是耶胡迪·梅纽因，他是一位世界知名的小提琴演奏家，他的音乐会入场券早在他出现在纽约卡内基音乐厅几个星期以前就销售一空了。还有几位在美国大受欢迎的影星，如果没有练习冥想，是不会想到进军好莱坞的，这些将在后边的章节中加以介绍。正是有了这些准备工作，才使得他们得以进入角色，就如同正在扮演自己一般。著名的银幕女星葛洛丽亚·斯旺森，虽然人到中年，却仍然具有魅力、美貌以及少女般的身体柔韧度，这都要归功于她的瑜伽练习。

如今，有几位生活在美国的著名的英国小说家，他们是奥尔德斯·赫胥黎、克里斯多佛·伊舍伍德以及杰拉德·黑尔德，他们的图书销售量高达数百万册，许多小说被改编成剧本，他们从电影工作室那里获得了可观的收益。其中一些小说还被翻译为多种语言，并被公认为当代小说界的世界经典。这些小说家都曾学习过吠檀多——远东大师伟大智慧的一个分支。通过学习吠檀多，他们获得了内在启迪，进而能够充分全面地释放力量，不但得到了自我实现，还得到了世界认可。

免遭失败

我可以列举出很多借助东方智慧的帮助而取得成功的商业人士，但我在此只列举一位我所熟悉的朋友足矣。这个人是一位出版商，他的办公室坐落在美国纽约市。巨大的成功使他年收入数百万美元，关于他的传记作品出现在当代出版物《谁是谁》中。然而，就在10年以前，他的生意还未起步，他也曾是默默无闻的打工者。

当这位出版商初入商界的时候，他也曾为各种困难和阻碍沮丧不已。他的资金有限，而竞争者却很强大。他担心会失去仅有的资产，每当需要做出决定的时候，不论是重大的决定还是微小的决定，他都不知道该何去何从。他的压力非常大，以至于经常消化不良，夜里无法入睡。

有一年，他去加利福尼亚出差，他的生活就此改变了。在加利福尼亚有人为他引荐了斯瓦米——不是油嘴滑舌的骗子，而是一位真正的传统东方智慧大师，就如同圣奥罗宾多、韦委卡南达、拉玛克里胥那一般，他们受到了印度数百万人的敬仰。斯瓦米并没有吹捧自己的智慧，也没有索要高额报酬，他只是提出要传授几条东方原则，因为正如所有真正的瑜伽修行者一般，他已发誓要为自己的同胞服务。

这位出版商向斯瓦米求教了几周时间。他学会了一些简单的冥想姿势与练习，这些将在后边的章节中加以介绍。他学会了凝念训练，或者说学会了印度式集中精神的技巧。他掌握了控制情绪的特定方法，进而得以释放出潜藏的思想力量。在他回到纽约以后，依然继续进行训练，不久之后，他便掌握了这些训练。所有忧虑都离他远去。曾经被视为困难的事情，如今也变得容易了。他的生活突然间变得一帆风顺了，他把自己的工作视为新的嗜好。他的思想与智慧层出不穷，可以轻易地做出决定。

最近，我与这位出版商共进了午餐。他曾经总是抱怨自己的健康状况或生意状况；而如今的情况大不相同，他表现出了自信与欢快。他对我说，银行都迫不及待地要投资他的企业；各国的知名作家都蜂拥而至，请求他出版他们的著作，因为他们知道，与他们各自目前的出版商相比，他可以让他们赚更多钱。这位 60 岁出头的人，却有着20 岁年轻小伙般的活力与容貌。他表示自己永远也无法还清斯瓦米的这笔债，每年他都会把自己收入的一小部分寄到这位印度圣人的静修处，而圣人会把这笔钱分发给穷人。

人人均可掌握的科学

有些人非常幸运，凭借直觉，他们自行发现了大师的部分秘密，而回报通常是极其丰厚的。时不时地，你会听说某人揣着数百美元去了华尔街，几个月之后就变成了富翁。或是听说某位还在上大学的年轻人，成就了某种科学发现或发明，而这种发现或发明曾被其教授视为是不可能的事情，因此，他们在为全人类做出贡献的同时，获得了丰厚的奖金。一位从未正式接触过写作的中年妇女，突然之间写出了能够在百老汇风靡数年的剧本，她所获得的成功令曾经写过 30 个剧本的作家们羡慕不已，他们全部剧本的版税都比不上她的一个剧本。

你无须依靠突现的机会或突来的幸运，就可以达到甚至超过这些成功之人的成就。很久以前，远东大师们就把幸运简化成了科学——只要人们能够孜孜不倦、持之以恒地操持正确的精神法则，那么人人均可掌握这门科学。斯瓦米·韦委卡南达说过："'无限能量'唾手可得，只要人们知道获取的方法即可。瑜伽修行者已经发现了获取无限能量的科学。"

你无须担心将来，无须像蚂蚁寻求庇护那般躲避厄运。只要你了解大师的法则，并虔诚地加以对待，那么你所渴望的平和思想、财政保证、心满意足都可以拥有。

只要遵循东方大师的指引，你就能够成为自己所在环境的塑造者。水泥与砖块本身不过是平凡无奇之物，只有在建筑师的手中发挥作用时，才会具有非凡的价值。昨天，知之甚少，即使拿到材料，也只能建造出简陋的茅舍。明天，知识丰富了，你将能够建造出华丽的参天宫殿！

第二章

大师的智慧

宇宙具有生命力与灵魂，人类源自于宇宙，而且始终是宇宙的组成部分……宇宙的核心就是灵魂。动力从宇宙中心弥漫至周边，而我们体内也有这种动力，我们持续不断地遵照这种动力行事。动力在我们体内燃烧。

——弗朗西斯·扬思哈本爵士

英国第二等印度之星高级勋爵士，第二等高级印度帝国勋爵士（K.C.S.I.；K.C.I.E.）

对于西方人来说，印度一直是神奇而又神秘的国度。古时候，传说中的稀有金属、象牙与香料等珍宝，吸引着哥伦布、瓦思库·达·加玛以及其他勇敢的航海家，横渡禁航的未知海洋。最终抵达目的地的人们，发现了这片陌生而又神奇的土地，这里不光拥有巨大的物质财富，而且还有无价的精神财富。

很多征服者已经踏遍了印度次大陆的土壤。2000多年前（公约前327年），亚历山大大帝进入了西印度，并在那里设置了希腊城堡。不久之后，帖木儿与莫卧儿人也来了；随后，法国、荷兰、英国为了争夺印度的财富而相互战争。很长时间，印度都在这些征服者的统治之下。但是，正如历史所载，统治者们的统治都不长久。最终，古代信仰冲破了奴役者的枷锁，他们的武装力量与物质至上的信念就如同晨光中的雾气般消散了。

东方的力量是精神的力量。西方人信赖着大炮、飞机与原子弹；而东方人则充满自信地仰仗着灵魂之源。即便东方人的装备不可见，但东方人所取得的胜利却超过了西方人。印度人借助巨大的精神力量，将英国人驱逐出了印度海岸。他们的领袖并非凡人，而是圣人，是圣雄，他所宣扬的教义是纯净的精神力量。圣雄甘地将4亿印度人从近200年的英国统治中解放出来了。

印度人的精神力量在我们看来难以理解，因为西方人虽然口中谈论着精神力量，但却只相信看得见、摸得着的东西。西方人所崇拜的是实物，西方人崇尚着机械、金钱与科学。在西方人的社会中，主教都是技术专家，这些专家是精通机械、金融与科学的大师。

精神专家

印度教也有专家。正如西方人是物质领域的专家一般，他们是精神领域的专家。4000年以来，他们一直在研究精神以发现宇宙的那种不可见力量。他们已经发现了潜规则与力量的存在，而西方最高端的科学家才刚刚对此有所觉察。他们在控制身心方面已经取得了巨大的成功，但在西方却只有凤毛麟角的人可以做到。

有关瑜伽修行者或印度圣人的非凡力量的报道，经常出现在美洲与欧洲的日报上。我们都听说过，有的圣人能够在钉板上连躺数日，而起来之后却毫发无伤。我们还读到过，有的印度圣人能够让人把自己完全掩埋起来，在没有空气、食物和水的环境下连待数日，当人们把他们挖掘出来以后，他们很快就可以恢复生命，在经历这种超人般的体验之后，依旧毫发无伤。

瑜伽修行者是长寿之人

如果你能够前往印度，那么你将会亲眼见到印度先知们的成果。在某些宗教节日中，印度有很多地区都会开庙会。在这些庆典活动中，欢迎任何人与在场的圣贤交流，圣贤们被成群的朝圣者簇拥着，这些朝圣者从附近或远方赶来，向圣人们表达着各自的敬仰之情。

这些将毕生奉献于教化灵魂的先知们，有男有女。你会发现，他们当中的某些人，外表年轻，体型健美，但却是高龄之人。看起来最多 40 岁的人，据报道却逾 100 岁高龄，这种情况极为常见。这些智者自信自己还能活很多年。他们具有纯净的灵魂，他们坚信自己已经得到了超越肉体的伟大力量。

在印度，你会听说有人活了 200 年或者更久，刷新了《旧约圣经》中长寿老人的纪录。这些人已经远离了俗世生活，他们整天冥想。据说，他们当中有很多人居住在喜马拉雅山的洞穴之中。他们被视为最富学识的大师或导师，也正因为如此，他们具有了预知并掌控未来的力量，他们还能够进行思想传送。

瑜伽就是灵魂控制

很多读者会本能地对这些故事持怀疑态度，我并不责怪他们。我们习惯于怀疑与自身感官相悖的事情。不过，人们不应该排除这些事情的可能性。爱迪生曾表示：总有一天，他将会通过一个开关，点亮整个城市。人们对此嗤之以鼻。如今事实摆在眼前，人们已经对电力的神奇不以为然。如今我们发现了在空气中发送彩色文字与图片的能力，这在我们祖先的能力之上更上了一层楼。顺便提一句，瑜伽修行者并没有把自己凌驾于超自然力量之上；恰恰相反，他们只是表示自己掌握了科学的控制灵魂的方法——在他们的语言中，即终极解脱。

帕坦伽利的《瑜伽经》

东方最具代表性的著作之一是帕坦伽利的《瑜伽经》，也称为《瑜伽箴言》。帕坦伽利是一位备受尊敬的远东导师，他生活在基督诞生之前。虽然他本人随着时间的流逝已消亡了，但他言简意赅的书籍却具有永恒的生命力。在印度，已有数百万人研读过《瑜伽经》，书中为人们指明了获取伟大力量的道路。在本书中将会一再提及他的这本著作，因为《瑜伽经》既深奥又中肯。

梵天——宇宙的灵魂

瑜伽这个词意为"束缚"——即把个体与自然及宇宙的伟大力量捆绑在一起。帕坦伽利、商羯罗以及其他远东大师们主张宇宙归一。在古印度的吠陀文宗教书籍《奥义书》中写道："宇宙只有一个统治者，那就是贯穿于万物之中的灵魂，他把自身转化为众多形态。"西方人把这位统治者称为"上帝"，而印度人则将其称为梵天。在印度人看来，梵天并不仅仅是宇宙的主宰者，梵天本身就是宇宙，万物都在其中。在犹太教及基督教的《圣经》中，上帝被视为万物的创造者，这一概念在基本原则方面与印度教相契合。

东方大师们主张宇宙是无限力量与能量的源泉。它的力量会持续不断地闪耀在永恒燃烧的太阳与星星中，闪耀在数百万巨大的星群与星云中，它将照亮无尽扩展的宇宙空间。这种巨大的力量不仅表现在庞大的天体之中，同时，当我们观察极其微小的物质比如原子时，我们可以从不停运动的质子与电子上发现同样巨大的无止境的能量——梵天之灵魂。宇宙的灵魂无所不在：草叶与花朵中，从微小的满载生命力的种子里生长出来，经历一季的繁茂之后死去，随之又会再生。我们在人类的生命中也可以看到这种再生力量，虽然人类要经历死亡，但却可以通过自己的想象创造出其他生物。通过宇宙之灵魂——梵天，瑜伽修行者找到了归宿。

供给的力量存在于人体内

宇宙即梵天，而作为宇宙一部分的人类也是梵天的一部分，只要人们意识到自己体内潜藏的神性即可。

瑜伽修行者认为，在此要引用伟大的瑜伽修行者之一的斯瓦米·韦委卡南达的原话："渴求与愿望存在于人体内，而供给的力量也存在于人体内。"在《瑜伽经》以及其他东方宗教书籍中，记载了与无限达成统一，并从无限的宝库中获得供给的方法体系。书中教导我们，微小的或精细的东西有时要比粗重的东西具有更大的力量，正如人们所说，思想具有掌控事物的力量。我们可以从生活的每时每刻观察到这一点：是思想在掌控身体，是我们组织有序的思想构建生成了发电机、蒸汽铲、火车头、飞机、拖拉机与其他机械发明，进而征服了自然，使自然服从我们的意愿。

然而，远东大师们却研究得更为深入。他们宣称通过净化思想，人们可以与菩拉那或无限能量进行直接接触，科学研究表明无限能量是事物的真实本质。汲取宇宙的力量不仅可以使我们的思想具有无限的能力——释放我们所具备的超乎人类想象的能量——还可以让事物按照我们的意愿进展。

轻易获取的力量

我们已经知道大师们所练习的瑜伽并不简单。瑜伽有很多分支，如果某人想要把瑜伽练得出神入化，那么就要投入毕生的时间去研习（即便如此，也无法达到出神入化的地步，即使是最伟大的大师也只能做到接近出神入化的程度而已）。

虽然瑜伽练习非常辛苦，但我们无须气馁。通过研读本书，我们将会获得某些微小的力量，这些微小的力量足以满足我们的要求。这些力量可以轻易获取，而且足以满足绝大多数世间的愿望。诚然，在远东的瑜伽修行大师们看来，我们的成就也许不值一提；但只要它能够为我们带来快乐，能够实现我们梦寐以求的梦想，那就足够了。

对于大师们而言，获取生命力以及自己所企盼的实物只是第一步。

随着他们研究的精进，几年之后，他们将会远远超越我们所企盼的熙熙攘攘的物质世界。通过净化肉体与控制思想，他们学会了超越人类意识，并实现了与梵天的统一。他们得到了所谓的"悉地力量"，而以西方人的传统思想看来，这简直是不可思议的。大多数听说过这种力量的美洲人都对此深感好奇，因此，在我们直接进入大师理论的学习之前，先来了解一下这种力量。

宇宙力量的通道

正如精密的放大镜能够聚焦太阳光点火一般，瑜伽修行者净化的思想也能够聚焦宇宙的无限能量，令其完成自己的任务。通过冥想与思想控制，人类变成了宇宙力量的通道，借此，人类可以按照自己的意愿调节宇宙力量。在印度语中，这种能力被称为三夜摩。真正的大师会逐渐学会将三夜摩运用于整个自然或部分自然。

在帕坦伽利的《瑜伽经》中写到，把三夜摩运用在喉管处的瑜伽可以消除饥饿。如果瑜伽修行者把三夜摩用于优陀那——印度名称，指代在肺部流转的生命力量——那么身体将会变得轻盈，将会表现出许多不可思议的壮举。据大师们说，这就是耶稣在水面上行走时所运用的力量。这也是远东圣人们对于长时间在钉板上休息以及在铺满热炭的道路上行走所做出的解释。在这些大师当中，有很多人能够预知自己的死亡时间。根据帕坦伽利的《瑜伽经》所载，通过控制流转的神经优陀那，瑜伽修行者可以随意安排死亡时间。

灵魂的力量

根据帕坦伽利所述,人们还能够运用其他多种多样的三夜摩。物体的无形形态被称为阿克夏,即我们所说的灵魂体。通过把三夜摩运用于阿克夏,瑜伽修行者可以将灵魂体与肉体、血液与骨骼分离。这样,他的灵魂就具备了遵照意愿游离的力量。

近年来,很多欧洲人来访印度,征服了珠穆朗玛峰、安纳普尔娜峰、戈德温·奥斯汀峰以及其他位于印度北方的高度超过7600米的高峰。也许你曾经读到过无畏之人勇攀巨峰的文章,我们对这些英雄之举与登山者的坚毅惊讶不已——在西方人看来,他们的成就具有辉煌的意义。而对某些圣人而言却认为,他们的行为不仅平淡无奇,而且根本不值一提。圣人们声称自己已经完成了无数次的登顶,并详细地描述了顶部的情况与周边地区的情况作为证据。他们表示,西方人为此所付出的努力值得嘉奖,但却毫无必要——灵魂体要比肉体轻盈得多,移动的速度也要快得多!

悄无声息的特质

远东大师们还具备将自己隐形的能力。

说来奇怪,当一位来访者询问他是否具备超自然的力量时,他的回答仅仅是一个微笑。帕坦伽利曾经说过:"如果把三夜摩运用在外形或身体轮廓上,那么身体形态就会变得不可见,眼睛就失去了觉察的能力。"西方人也许会把这件事解释为瑜伽修行者具备悄无声息的超能力:他可以瞬间静止,隐匿外形,严丝合缝地与周围环境融为一体。在这种悄无声息的状态中,他可以净化自己的身心。

第三章

思想的力量

我们目前的一切形态都是思想创造的结果：一切都以思想为基础，一切都由思想构成。如果某人的言行依照邪恶的思想，那么痛苦将会尾随其后，就如同车轮跟随着拉车的牛蹄一般。

我们目前的一切形态都是思想创造的结果：一切都以思想为基础，一切都由思想构成。如果某人的言行依照纯洁的思想，那么幸福将会尾随其后，就如同永远不会离去的影子一般。

——释迦牟尼

不久以前，一些科学家与新闻记者聚集在新泽西州缪勒山的贝尔电话实验室，见证了令人震惊的现场演示。

用于为这些好奇的参观者做演示的物件，第一眼看去并不引人注目。其中一个展品是玩具观览车，它在没有上发条的情况下，持续不停地转动着。另一件展品是 2 个小型的能够传递声音与音乐信号的无线电发射机。通过一个简易的电话设备，两个人进行了交谈。

以上这些机械都需要以电池供应电力，它们都是由硅片以及普通的硅元素制成的极其平常的物件。

然而，它们却从太阳中汲取力量！

贝尔实验室的人们表示在物件运行过程中，电池的电量并没有消耗，而且这些物件可以无限期地运行下去！

你能想象到在历史上是如何借助演示来证明事情的吗？

自从工业革命开始以来，人们首次学会了运用大型机械力量来替代自己进行手工劳动，人们一直以可怕的速度消耗着地球上的物质资源。地球上的煤炭与石油储量都是有限的，每年，我们的发电机与机械大量消耗着这些珍贵的力量储备。有些专家认为煤炭与石油总储备量的一半以上都已被消耗殆尽了，剩余的资源可能无法维持 50 年。

在第二次世界大战之前，生态环境保护者提出了开发新的燃料替代品的构想——即开发封锁在铀原子之中的能量。然而，很不幸，能够产生原子能的铀非常稀缺，正因如此，铀的价格才会如此昂贵。在煤炭与石油消耗殆尽以后，用铀来代替的构想不切实际——世界上铀矿石的供应量也许早在煤炭与石油开采完之前就枯竭了。

然而，太阳的力量却能够取之不竭！科学家告诉我们，这颗巨大的恒星在创世之初就一直以光和热的形式散发着能量，太阳的能量在很长一段时间内都不会枯竭。科学家们估计，燃烧太阳 1% 的质量，可供人们使用 1500 亿年左右。太阳每天散发的能量大约是所有现存铀矿、煤炭、石油储备散发能量的总和！

多亏人类发现了太阳能的应用科学，当世界上珍贵的煤炭、石油、铀矿储备被消耗殆尽以后，人类可以利用太阳能来发电，进而维持机械的运作、家庭的供暖、汽车与飞机的运行。我们的子孙后代无须烧毁家具来照明，也无须挤作一团来取暖。

伟大的思想游戏

驾驭太阳能的科学还处在起步阶段。待这项科学成熟以后，将会迎来一个新的自由时代，人类的生活将会更为轻松。这一发现无疑是历史上最为伟大的发现之一。然而，无论这项发现是多么伟大，却是如此的姗姗来迟。

据估计，太阳照耀地球的时间已经长达数十亿年之久，人类一直沐浴在阳光中，从太阳那里得到了健康与生命力。人们利用太阳来种植做面包的小麦与喂猪的饲料。人们通过太阳来计算年月；阳光普照时，人们欢欣鼓舞；乌云蔽日时，人们无精打采。人们抬头即可看到太阳——然而，人们却始终没有意识到，太阳是能够转化为机械力量的能量之源！

在人类的进步史上，发现利用太阳能的科学家们必然会被视为天才人物。毫无疑问，他们都具备很多杰出的特质。这些人能够看到显而易见的东西——被数十亿同胞忽视的东西，人们对其视而不见——也能看到其中的隐藏层面。他们的脑海中浮现出一种思想，而别人却没有想到：即驾驭太阳火热能量的思想。通过把这种思想加以实践，他们受到了人类普遍的感激。

想法彻底改变了世界

思想创造了世界。历史学家们声称电力、汽车、飞机与原子能彻底改变了 20 世纪人们的生活。情况确实如此——然而，在此之前，只是一个个的想法。

每一个活着的人（具备视觉力量的人）都见过鸟儿飞翔。然而，其中像列奥纳多·达·芬奇与莱特兄弟的人却是凤毛麟角，他们不辞辛苦地认真思考了飞行。就在这些人反复认真地思考的时候，飞行机器的想法就诞生了。思想令人类的飞行成为可能。

电灯也不是偶然的发现。杰克逊·阿尔瓦·爱迪生早在年轻之时，就掌握了丰富的电学知识。他意识到这种非凡的力量——即便是今天仍然没有研究透彻——可以通过多种非凡的手段加以应用。他望着当时那个年代所使用的蜡烛与煤气灯，认为它们既麻烦又不可靠。他的脑海中浮现出一种想法：可以利用电力为灯泡供电，这种想法要比当时所知的照明手段先进得多。

这个想法在爱迪生的思想中萦绕了 10 年之久。他制作了一个玻璃灯泡，为了能够找到长时间发光的物质，他在灯泡中尝试了一种又一种的物质，但每一种物质都无法令他感到满意。他派人到世界各地去寻找制造灯泡的合适物质。数千种不同的异国物质被送到他的实验室中。他煞费苦心地尝试了每一种物质，却都没有成功。最终，在他花费了 4 万多美元，付出了超出常人的大量艰苦努力之后，终于制造出了可以发光整整 40 个小时的灯泡。他的想法最终变成了现实。经过进一步思考与测试，创造出了今天的优质电灯。

其他的发明创造史也都大同小异。再举一个例子，曾有人问伟大的英国科学家牛顿如何发现了万有引力定律？他的回答是："通过不停地思考。"

思想的加长影子

彻底改变世界的是思想与想法，而非实物。美洲最为著名的思想家之一拉尔夫·沃尔多·爱默生曾经说过："机构组织是人类的加长影子。"他认为佛教直接反映了释迦牟尼的工作，基督教反映了耶稣的工作，新教反映了马丁·路德的工作。然而，每一位伟大的世界级宗教领袖在从事令自己成名的工作之前都要先具备思想。思想创造了人，进而创造了组织机构。

每一种行为，如果不是受习惯驱使，就是由思想引发。不仅仅是组织机构，我们曾经做过的以及将来要做的每一件事情，不论好事还是坏事，都是思想的加长影子。

行为之父

思想是行为之父。只有具备导向幸福或成功的思想，才能得到世间的成功或幸福。

仔细观察一下自己周围人的生活，你将会发现，无论他们的道路通向哪里，都由思想在前面引导。如果巴斯德没有先将思想全部投入到化学领域，那么他不会成为伟大的化学家。如果约翰·戴维森·洛克菲勒没有思考金钱以及获取金钱的方法与手段，那么他不会成为百万富翁。通过各自最为专注的思想，这些人成就了自己最想成就的事业。

　　生活中，进取之人与不进取之人之间的最大区别在于他们的思想。如果一位 18 岁的理货员，到 58 岁时仍然在打包裹、转运货箱，那么他也许会抱怨自己运气不佳——然而，通常而言，这一切都要怪他自己。导致他失败的主要原因是他的思想，而不是他周围的环境。除了理货员之外，他从未认真思考过从事其他职业。当然，他也许想过要替代雇主，自己当老板，或是通过其他途径来获取财富。但他却从未认真思考过这些想法，或是在思想中坚守这份信念。如果他确实感到不满意，如果他能够将自己的不满转化为建设性途径，那么毫无疑问，他必然会成就一番事业。莎士比亚的不朽词句，点明了责任的归属："亲爱的布鲁图斯，错误并不在于我们的命运，而是在于我们本身。"

　　远东大师们在数千年前就已经认识到了这一真理。古代印度的智慧书籍《奥义书》中写道："人们会变成自己所想的那样。"

思想与个性

　　通常而言，一个人的个性与他的思想密不可分，他的思想就是他的个性。同样，一个人常常可以发现自我的环境与他头脑中的思想之间存在着直接联系。

　　无论你的生活现状如何，都是你内在的反映，都是你思想的反映。深深地植根在你头脑之中的思想，无论是有益思想还是有害思想，无论是故意形成还是无意培养，会如同所有数学定理一般准确，始终决定着你的命运。

　　形而上学者习惯于把这条定理称之为吸引力法则（Law of Attraction）。他们指出思想可以将思想中所想的事物与条件吸引过来，就如同在思想之中存在这些东西的胚胎一般。因此，如果思想之中的忧虑足够强烈，那么忧虑迟早会转变为现实，你所有的一切思想都是如此。形而上学者曾经说过："环境是灵魂找到自我的手段。"

思想高于环境

有些人的出生环境不尽如人意，但最终却做出伟大的成就，这种案例屡见不鲜。历史上关于这类人的记叙比比皆是。其中有 2 个最著名的案例，即征服白宫的安德鲁·杰克逊与亚伯拉罕·林肯，他们都出生在贫苦之家。虽然出生时家境贫寒，但他们却意识到了自己能够为自己创造环境。他们在提高自己的过程中，不仅帮助了自己，而且还帮助了他们的国家。

当然，仅仅是希望超越他人并不能保证一个人能够实现自己的目标。首先必须有这种愿望，不过，愿望要强烈到足以产生能量，然后要坚持不懈地为愿望而努力，进而使自己能够无可匹敌。有句梵文谚语说道："幸运只眷顾那些奋发努力的人中之狮，宣称命运是唯一因素的人是弱小之人。"

自古以来最为有名且具有雄心壮志的将军之一杰克逊·乔纳森·杰克逊——即"石墙"杰克逊，是思想力量高于环境的最佳案例。杰克逊每走一步都会有意培养能够帮助自己获得好运的思想。

克服障碍

托马斯·杰克逊童年的环境使他很难成就伟大的事业。他很小的时候就成了孤儿，父母的离世使他变得无依无靠。他曾在南郊的一所小学校接受了仅有的一点点教育。

这个穷孩子燃烧着成就伟业的激情。他希望成为美国军队的一名军官。他被提名进入了西点军校，此校当时也如同现在一般，受当局国会议员管辖。当时，还有一个孩子也想进入这所军事院校，他的家族优秀而古老，且具有很大的政治影响力。凭什么让国会议员选定不名一文的杰克逊呢？杰克逊成为军官的可能性看来并不很大。

然而，只要你的思想足够强烈，那么总会有办法使想法成真。你的思想将会使你对机会极其敏感，在机会到来之前，你就能够发现它。

另外那个孩子在杰克逊之前获得西点军校的提名。他喜气洋洋地赶往哈德逊的这所军事院校。然而，当他到了那里以后，他发现军队生活并不仅仅是帅气的军装、多彩的队列以及与可人美女的约会。军队纪律严明、训练艰苦，日日夜夜的生活都很辛苦，迷人之处少之又少。不久，这个孩子觉得军队生活难以忍受。他提出退役，返回了家中。

当杰克逊听说这个消息以后，他立即展开行动。他没有有权有势的朋友，但凭借着他的真诚与执着，他得到了全体陌生人的支持。他被提名为那位退出青年的替代者。

还有一场难以应付的入学考试，就如同喷火的火龙一般，挡住了杰克逊进入军校的大门。但这个一心想要往前冲的男孩，从不知道何为沮丧。他总是把闲暇时间用于武装头脑，以弥补之前教育的不足。通过刻苦学习，他积累了丰富的知识。他参加了考试，而且一举中的。

当杰克逊首次出现在这所军校中时，他站在来自于富裕家庭的精锐新兵之中，并不引人注目。他看起来拘束不安，穿着破旧的乡村服装，略显笨拙。但与华丽的服饰相比，他在军队中有着更重要的奋斗目标：他全心全意地相信自己将会成功，他以不屈不挠的努力来坚守这份决心。

那些在西点军校入学之初时曾取笑过杰克逊的人，很快就不得不对其刮目相看。杰克逊在班级与队列场上熠熠生辉。因为感受到自己的不足，他更加刻苦努力，因此他比同学们的表现更为优秀。

每晚快要熄灯之时，年轻的杰克逊就会为寝室的炉火加炭。他高高地将煤炭堆积起来，几乎将火焰压灭。然而，等到熄灯讯号发出以后，炉中的火焰会变得非常明亮。年轻的杰克逊拿着书本坐到炉子旁边的地板上，在红润的火焰照耀下，在同学们都已入睡的情况下，额外再学习数个小时。直到煤炭烧尽，黑暗笼罩，无法再看书时，才会爬到床上去。

"你可以成为你决心成为的任何人"

这句杰克逊在当时最为喜爱的格言之一凝聚成了他的生活故事。如同前辈乔治·华盛顿与本杰明·富兰克林一般，杰克逊列出了一些引导自身行为的原则。其中一条原则特别接近于远东大师们的教义："你可以成为你决心成为的任何人。"年轻的杰克逊被朋友们称为"老杰克"，他决心超越普通的西点军校学员——他希望成为伟大的战士。

当杰克逊在墨西哥之战的炮兵部队中服役时，还只是个少尉。不久他就升为了中尉，后来，由于他英勇的表现，被提升为上尉。没有什么能够阻挡这个无畏的战士，他坚信自己，坚信自己的造物主，他无视敌军的炮火。一年之内，他就成为少校。他的朋友与长官非常尊敬他的正直无私，他对真理的热爱、他的大胆无畏、他的真诚坦率永无止境。

在墨西哥之战结束以后，经历了长期的和平。杰克逊成为弗吉尼亚军事学院的教授，他教授了 10 年的军事科学以及其他科目。在授课其间，他仍然坚持学习，扩展了战争战略与谋略的知识面。虽然，他是一个军人，但他并非只有血与火的个性，他还是一位虔诚的宗教人士，他活在自己的宗教之中。他对待奴隶非常仁慈，而且还教导他们《圣经》里的智慧。

1861 年，当南方与北方势必要分裂的时候，杰克逊无法忘怀自己对本土弗吉尼亚的忠诚，站在了南方的阵营当中。他被任命为步兵上校，短短几个月之后，又被提升为准将。

杰克逊知道一位将军无论多么杰出，始终都比不上不怕死的士兵。他集中全力训练自己的部队。当杰克逊的士兵在布尔朗遭遇联邦部队猛烈的炮火袭击时，仍然能够井然有序地服从他的命令——当其他部队溃散撤退之时，杰克逊的部队却稳如泰山。由于他们在战火中所表现出的坚毅，杰克逊自此被誉为"石墙"杰克逊。

在一场又一场的战役之中，杰克逊的表现证明他深受南方人民的信任并非浪得虚名。自信与成功深深地植根于他的本性之中。绝大部分人都相信他能够在里士满阻挡住麦克莱伦的前进。如果没有杰克逊，南方军在布尔郎的第二次战役中很可能会失利。罗伯特·爱德华·李将军把杰克逊称为理想的右臂。杰克逊是所有活着的联邦军人的梦魇。

计划周详、斗志昂扬的敌军统统无法打败不屈不挠的石墙杰克逊，此时，杰克逊自己的阵营中滋生了纰漏。在经历了伟大的胜利之后，杰克逊在钱瑟勒斯维尔附近的荒野上，因意外而丧生了。杰克逊与他的部队在深夜侦查敌军位置的时候，被南方哨兵误认为是北方敌军，打成重伤不治身亡。

如果你去南方旅行，那么你将会看到几尊缅怀杰克逊的塑像伫立在那里。其中要数里士满的雕塑最具代表性。杰克逊的有生之年曾在弗吉尼亚州的军事学院中，对黑奴们表现出极大的仁慈，他的最初的一笔塑像捐款便源自于这些受过洗礼的黑奴会众。

就如同杰克逊拒绝成为南方偏远乡村的贫苦人一般，他同样也拒绝只满足于普通的陆军少尉，然后便无所作为，直到领取养老金。思想就是个性，这位卓越的军人具有不断超越的思想。他的高尚思想与雄心壮志不仅为他赢得了世间的成功，而且使他在军事伟人之列赢得了不朽之名。

思想控制行为

远东大师们认为思想对于人们所构想的生活具有深刻的影响力，事实上，思想就是"实物"。大师们认为思想确实存在——思想具有实在的生命力，因为它们真实存在于空间之中，思想具有特定的形态，具有不同的移动速度，而且能够持续特定的时间长度。

思想具有控制行为的力量。大师们表示，如果你能够掌控自己的思想，那么你就能让思想执行命令，让思想变成有益于自己的力量。然而，如果你无法引导思想，那么思想将会引导你，操纵你，把你引入不幸之中。倾听启蒙者佛陀在《法句经》中所留下的话语：

"正如造箭者能够校正箭支一般，聪明之人可以纠正难以防护、难以控制的动摇不定的思想。"

"正如离开水中家园，来到干燥陆地上的鱼儿一般，我们的思想跃跃欲试，意图摆脱魔鬼撒旦的掌控。"

"驯化思想非常有益，思想难以控制且变化多端，任意驰骋，驯化的思想可以带来幸福。"

"睿智之人会去守卫自己的思想，因为思想难以察觉、变化多端且任意驰骋；精心守卫思想可以带来幸福。"

好好专注于自己的思想

虽然佛陀的教诲非常古老，但并没有随着时间的流逝而丧失价值。如果你想要改善自己的环境，那么你应坚定自信地塑造思想，并始终将其置于自己的掌控之中。如果你让思想肆意妄为、自由驰骋，那么你永远也无法达到自己为自己设定的生活目标。

没有思想的指引，成功的可能性将会非常渺小。亨利·沃兹沃思·朗费罗与"石墙"杰克逊同属一个时代，他是美国最为杰出的诗人之一。数百万人都被他的名著《迈尔斯·司坦迪希求婚记》、《伊凡吉林》、《海华沙之歌》所吸引。朗费罗所取得的成就并不比"石墙"杰克逊的成就更为伟大，他只是不时地思考着自己的目标，他的目标始终萦绕在他的头脑之中。正如他自己所讲："我热切企盼未来能够在文学方面取得更大的成功，我的整个灵魂为了我的目标而热烈燃烧着，我的每个思想都以这一目标为中心。"朗费罗使自己的思想始终专注于自己的目标。为此，他赢得了不朽的名望。

比较一下亨利·沃兹沃思·朗费罗与那些只在自己的小圈子内才为人所知的无名诗人，以及那些虽然有写诗的想法，但却从未将想法呈现在纸张上的数以千计的潜在诗人，他们之所以不能像朗费罗那样成功，是因为他们的想法稍纵即逝。思想本身具有自己的生命力，除非你能够让思想按照你的意愿行事，否则它们就会按照自己的意愿行事，就如同离弦的弓箭一般。

贫困思想

每天头脑中都会涌现出无数个思想。很多思想都具有巨大的杀伤力，就如同离弦的弓箭会造成意外的死伤一般。贫困思想就是其中的一种有害思想。

如果你出生于贫困的家庭，那么贫困思想几乎是你与生俱来的思想。自从童年开始，你就习惯于把自己的一生与贫困相联系。你默认自己无法超脱贫困的环境。也许你卑微的父亲就是你的榜样，你认为自己的命运并不会优于父亲的命运。你会被贫困思想所束缚，因而无法释放出自己体内沉睡的巨大能量。

很多穷人都会对你说他们并无所求。他们已经做好了满足于微薄收入与中等境况的准备。由于思想是行为的祖先，他们胸无大志，因此成绩平平是不可避免的结果。想要成功的人必须以富足思想来克服贫困思想。如何做到这一点将会在之后讨论到逆向凝念的方法时讲解。

失败思想

失败思想是另一支可以将无数拥有雄心抱负之人射死的箭支。通常，失败思想会滋生于童年时期，就如同贫困思想一般。

当我们还是孩童的时候，我们具有强烈的愿望，想要为自己做好某件事情。当我们首次努力穿上袜子或是系上鞋带的时候，我们会感到无比骄傲，就如同打了一场大胜仗的"石墙"杰克逊，或是写了一首伟大诗词的朗费罗。当我们首次摆好餐桌或是整理好房间的时候，我们会感到心满意足，就如同生命中所经历的暖流一般。

如今，儿童心理学专家建议望子成龙、望女成凤的父母们，应该在孩子出色完成某事的时候，对其加以赞扬。专家提醒我们，小事上的成就感可以激发我们成就大事所需的自信。实际经验证实了这一说法的正确性。然而，我们当中又有多少人能够做到开放思想，从经验中学习？

通常，父母只会看到孩子的缺点。某位少年也许会高举自己花费了大量精力的绘画，说道："看啊，妈妈，我画的这个小丑不错吧？"此时，母亲会以成人的眼光审视孩子的画作，然后摇摇头，答道："我觉得这个不像小丑。"又或者，孩子在摆放餐桌的时候，错放了一个叉子或勺子，母亲会指责孩子的错误，而无视其他摆放无误的餐具。如果母亲一再表现出这种行为，那么孩子就会开始相信自己无法成功地做好每一件事情。由于父母的疏忽，失败思想的种子得以生根发芽，最终根深蒂固，难以拔除，永远抹杀掉孩子的自信。

对于失败思想的重要性，老板通常也了解不足，进而导致员工无法发挥到极致，做到最好。通常而言，新员工工作时，会尽己所能地做到最好，然而，老板检查工作的时候，却只能看到不足之处。老板只会向员工强调哪里做错了，而对整体看来工作完成得不错这一事实视而不见。如果这种情况一再发生，那么员工将会失去自信，认为自己无法达到老板的期望。失败思想将会占据统治地位。不可避免的结果将会是员工提出辞职，或是员工表现日益恶化，最终导致被解雇，带着严重受伤的自尊去寻找新工作。

疾病思想

也许只有在身体健康的情况下，思想力量的有益或有害作用才最为明显。如今，世界上有数百万人都会受到疾病思想的侵害。虽然疾病根源在于心理，但肉体上却会表现出切实的病态，出现明确的可辨别的疾病症状。有些人会抱怨头痛、失眠、容易感冒，以及其他一些常见疾病。还有些人会表现出心烦意乱的迹象。所有这些疾病有时都是由疾病思想造成的。

难以置信吗？当代医师都相信这个论断。虽然在上一代医师中，大部分人认为每种疾病都必然有其生理原因，但近几十年来，却出现了全新的观点与新的医学分支。这种新的医学分支称为"身心医学"，身心医学所研究的是如何治愈因受心理影响而引发的肉体疾病，以及因受肉体影响而引发的心理疾病。

这个医学分支之所以发展缓慢——由于误诊以及后续治疗方法不当，致使数百万人遭受苦楚——是因为西方人一直以来都习惯于把心理与身体视做两个相互独立、互不影响的体系。就如同在其他领域一般，这个领域也需要真正的天才去发现从一开始就显而易见的事实：

思想是人脑的功能，而脑是身体的组成部分，因此思想会在很大程度上影响身体，同时也会受到身体的影响。

只要片刻反映就足以证明有关疾病的身心观点正确无误。当你感到无聊、沮丧的时候，你通常会发现自己还伴随着头痛，或是因疲倦感而引发的其他症状，尽管你并未从事体力劳动。你的思想状态影响着你的肉体。当你心烦意乱的时候，你会觉得"胃部不适"，吃不下饭。如果你的身体状况不佳，你会感到抑郁沮丧，总是无法集中精神。

信仰疗法

远东大师们在数千年前就已经知晓了身心关系。正如我们之前所知，远东大师们认为万物归一，也就是他们所谓的梵天，他们还教导我们思想行为与肉体行为密不可分。基督教科学会也早在绝大部分医师们之前，发现了这一真理。这是基督的治疗秘诀。一旦耶稣移除了某人的疾病思想，这个人就会再次变得完整起来。其他伟大的宗教领袖们所采取的治疗方法也是建立在相同的基础之上。这就是卢尔德神迹的科学解释，在卢尔德，借助信仰的帮助，病人们再次恢复了健康。

了解远东大师之教义的东方医师们，自从古代起，就知晓诊断疾病时，应将疾病与思想状态或情感状态密切联系起来。如果疾病的根源不在肉体上，那么他们会马上关注病人的情绪。与大师们一样，医师们也认为，在采取简单保健措施的情况下，通过净化某人的思想或渴望，可以使此人控制自身的常规健康状态。

情感如何对身体产生影响

虽然情感对肉体产生影响的精确机理极其复杂，但是有些机理如今已是众所周知了。强烈的情感信息会沿着神经网络传递至内分泌腺，进而刺激内分泌腺分泌激素。荷尔蒙有时被称为"化学信使"，它们顺着血流刺激心脏、胃部或其他器官，进而增强或减弱这些脏器的运作。与其他每一个身体组成部分一样，"化学信使"对于我们的身体健康非常重要。然而，如果我们的情感总是向腺体发送警报，那么激素就会过度活跃，进而引发不良后果。

忧虑与气愤是最为危险的情感。当你感到气愤的时候，激动的情绪会对整个身体产生重大影响。首先，它会刺激胃部分泌大量的盐酸，盐酸是一种强力化学物质。如果这种情况经常发生，那么你就会长期消化不良，甚至导致更糟糕的内分泌紊乱。

医师与科学家们具有充分的机会，可以直接观察人的胃部，观察情绪对胃部所产生的影响。其中值得一提的是一个关于汤姆的案例。在科内尔大学，哈罗德·G.伍尔夫博士与他的同事们对汤姆进行了研究。当汤姆还是个孩子的时候，曾接受过一个紧急手术，因而在他的胃部留下了一个开口，如今，通过这个"开口"，医生们可以窥视他的胃部，观察他的胃部对他的思想所产生的反应。

例如，有一次，一位医师告诉汤姆，他的工作做得不好，将会被解雇（当然，这是一个激发反应的诡计）。汤姆觉得这位医生的话有失公允，他变得十分激动，他的脸色通红。当这位医生离开以后，汤姆愤怒地向伍尔夫博士进行了控诉。

之后，伍尔夫博士立刻观察了汤姆的胃部。他发现汤姆的胃部变成了鲜红色，胃腺正在向胃部灌注盐酸。他观察到胃壁中的微血管大量出血，胃部的收缩速度非常快。当人们持续担忧并处在压力之下的时候，也会出现与此相同的情况，而且还会引发胃溃疡。

忧虑思想与疾病

如果某人的忧虑强烈且持久，那么此人会变成自己所想的那样——包括他所忧虑的情况。很多疾病思想都起源于忧虑。为了证实这一点，我们来看一个奇异的病例，这种疾病具有一个令人畏惧的名称"医源性心脏病"。与其他众多紊乱情况相同，这种疾病常见于情绪激动的人群——这类人不懂也不会控制自己的思想与情感。"医源性"的字面意思是"由医生所引起的"。这是个古怪的术语，但医生们却常常使用。它用于描述下列情况：

某人去找医生检查身体。医生检查了他的骨骼、测了血压，并用听诊器听了他的胸腔。医生听到了什么呢？他的胸腔大体正常。然而，这位医生却是一位认真负责的人，他在专心听诊的时候皱起了眉头——我们当中有很多人在集中注意力的时候都会皱起眉头。但是，对于这位患者而言，医生皱眉立刻使他产生了自己的心脏出现了严重问题的思想。他询问医生情况如何，医生向他保证一切正常。可是，也许是由于这位医生缺乏临床经验，他并没有面带微笑。这位已开启疾病思想的患者，认为医生因为不愿告诉自己"可怕的真相"而撒了谎。于是，他看了很多医生，试图找到一位能够证实自己推断的医生。他始终忧心忡忡。他的消化系统受到了影响，他无法入睡，他的紧张情绪引起了血压升高。最终，持续的担忧与过度的紧张损害了他的心脏，引发了他所忧虑的疾病。

由恐惧造成的瘫痪

当恐惧情绪高涨时，你将会发现情绪对身体所产生的最为恶劣的影响。在两次世界大战期间，因心理因素而引发问题的情况数不胜数。在战争的压力下，士兵们丧失了支配四肢的力量，丧失了视力与语言能力——在没有直接身体创伤的情况下。此时，应对其采用对症疗法，进行恐惧分析与其他个人问题分析。这些疾病通常被称作"炮弹休克"。如今已经不再使用这个术语了，因为由此引发的很多恶果都已远离了战场。

恐惧情绪不仅会令人伤残——还会将人致死。对于受伤的人而言，最为危险的情绪之一就是恐惧。一个被汽车撞倒或是从一楼窗户跌落的人也许会立刻死亡。可是，做尸检的时候，医生经常会发现死者的失血量或受伤程度并不足以置人于死地。死者之所以死亡是由于恐惧，是由于神经系统受到了强烈震撼，进而导致心脏停止跳动。在很多重伤的案例中，急救措施会首选平复伤者的恐惧，因此恐惧也许是伤者所面临的最大危险。

我们可以找到很多有关思想力量引发身体反应的奇特案例。其中最为引人注目的案例之一就是与科学家康特·阿尔佛雷德·科日布斯基相关的案例。他列举了一个玫瑰过敏者的案例。这个人见到玫瑰后会极其恐惧，有一次，有人给他看了一幅玫瑰花的图片，他便开始不停地打喷嚏。

美国所有医院的病床，有一半以上都被患有思想疾病的人占据着。

尽管这类紊乱是由思想引发的，但却并非虚幻之物。如前所见，思想是或好或坏的实物。

世间最强大的力量

我们已经知道不论好坏，思想都是世间最强大的力量。从广义上而言，思想应对人类如今所享有的进步与文明成果负责。爱迪生、威尔伯、奥维尔·莱特的有用发明；巴斯德拯救生命的科学发现；以及朗费罗的文学作品——所有这些都是美好思想的产物。大量聪慧之人所汇聚的具有建设性的思想，构建出了伟大的民主国家的形态与方案，之后民主国家才会成为现实。

从狭义的个人方面而言，我们已经知道，思想能够影响身体的每一个细胞，它既可以使人健康，也可以使人患病。思想可以帮助我们重塑自己最为珍视与企盼的环境——也可以使我们身陷贫困、失败与绝望的泥潭。就像中国瑜伽大师达摩曾说过的那样："一切因果皆与思想和心灵相关。涅本身就是心灵的一种状态。"

不论你贫穷还是富有，健康还是有病，开心还是沮丧，一切都取决于你自己。一切人类经验表明：明天无须如同今天一样。大师们告诉我们：生命是具有无限柔韧性与可塑性的物质。如果你能够遵照大师指引的道路（这些道路并不难走）前进，睿智且牢固地掌握生命，那么你就可以随意地摆布生命。然而，如果你盲目行事，缺乏事先考虑，那么生命将会成为梦魇。

你会实现心中的愿望，

只有失败的人才去责怪可怕的环境。
健康的精神傲然挺立，
在光明中自由飞翔。

她主宰时间，征服空间；
她降服了机会——那个自高自大的骗子；
并让狂暴的环境俯首称臣，
乖乖地做她的奴隶。

人类的愿望，无形无影的力量，
永恒灵魂的孩子，
能够披荆斩棘实现任何目标，
即使中间有铜墙铁壁的阻隔。

在孤独的时刻不要失去耐心，
而要安静、会心地等待；
当灵魂醒来，支配一切时，
诸神都会做好服从的准备。

第四章

凝念——大师的方法

《奥义书》中写道："人会变成自己所想的那样。"睿智之人的切身体验已经验证了这一格言的真理性。

——圣雄甘地

是什么使某些人伟大，而使另一些人渺小？为什么只有少数人成功，而多数人却会失败？远东大师们知晓这一秘密。他们将答案归纳为一个词：凝念。凝念并不神秘，而是简单、纯粹的普通方法。每个在生活中有所成就的人都具备凝念的能力。

起点卑微

安德鲁·卡内基是世界上人所共知的最为伟大的工业领袖之一。他从钢铁工业中赚取了财富。他的财力达到了可以出资 5600 万美元建造公共图书馆，3 亿多美元用于建造大学与慈善机构，还能剩余数百万美元。然而，当这位工业巨头还年轻的时候，却并不怎么引人注目。他 12 岁时是宾夕法尼亚州阿勒格尼市一家棉纺厂的"线轴男孩"，每周工资最多才 1.20 美元。

不过，卡内基却具有大多数人不具备的特质——他无师自通地了解了凝念的含义。

安德鲁·卡内基很早就意识到，自己在棉纺厂工作不会有所成就。他也许曾经抱怨过自己不得不在太阳升起之前开始工作，抱怨过午餐时间不足 1 个小时，抱怨过自己不得不在日落之后才能下班。然而，这些困难并没有令他气馁。他唯一在意的是工作减少了他用于提升自我的学习时间。对于年轻的卡内基而言，雄心壮志并不是闪烁不定的火苗，而是熊熊燃烧的烈火。

有志者事竟成

在棉纺厂工作了几年之后，卡内基去了匹兹堡，并在那里的电报局找到了一份信差的工作。当时的匹兹堡并没有如今这么广阔，然而作为信差，仍然要对路况非常熟悉。安德鲁行走在这座陌生的城市之中，记住了城市中的每一条重要街道，并对每一条街道中重要的个体与商业机构的名称了如指掌，以至于从街头至巷尾能够依次脱口而出。

年轻的卡内基并不满足于线轴男孩、信差等职位，这些都不符合他的雄心壮志。他希望能够在电报公司进一步发展，他想要更上一层楼，从事接待员与收报员的工作。但是，如果他对电信技术一无所知，又怎能获得晋升呢？当时看似没有任何学习的机会，电报设备每天都处于使用当中，而且他还有送信的工作要做。

一旦安德鲁下定决心要成为电报员，他便开始每天提早来到公司，那时电报机还未投入使用，安德鲁便坐在设备前面，开始练习莫尔斯电码。他日复一日地练习，最终做到了能够准确无误地收发电报。他对莫尔斯电码掌握娴熟，以至于通过听力就能知晓电报内容，根本无须费力地记录下每一个单词，然后连接成句。

一天早上，安德鲁·卡内基像往常一样，在收报员之前就来到了公司，电报敲击出的电码传来了"死亡讯息"。这种信息非常重要，安德鲁认为自己应该有所反应。此刻他的清晨练习派上了用场。当收报员来到公司以后，安德鲁不仅准确无误地接收了信息，而且还精确地传递了信息。自此之后，收报员们便接纳了年轻的卡内基作为他们之中的一分子。

青年卡内基勇往直前

正如大家所见，这位青年具有某种特质。他总是能够出色地完成交付于他手中的每一件任务。宾夕法尼亚州铁路公司的 T．A．斯科特很快就注意到了卡内基的能力。斯科特任命卡内基成为自己的秘书。卡内基在新的工作岗位上一如既往地展示了非凡的特质，印度人将这种特质称为凝念。当斯科特升任为铁路公司的副总裁时，才 20 岁出头的安德鲁就成为西部铁路线的总负责人。

安德鲁·卡内基并不打算就此止步，尽管他所取得的成就已经超越了大部分人的毕生所得。他研究了铁路工程，拼命寻找改善铁路的方法，并最终如愿以偿。他在 30 岁之前便负责引进美国铁路的卧车，他当时已经是一位富翁了。他把钱存了起来，当他发现油井开采这个稳健的投资机会时，他毫不迟疑。然而，他最为杰出的成就还在前面等着他，那就是钢铁工业的开发。当他退出商界时，他的收益已接近5亿美元。

这是一笔巨额的财富吗？你认为卡内基的成就在你的能力范围之外吗？不是的，某人能够做到的事情，其他人同样也可以做到，只要他们了解成功的秘诀是凝念或集中精神即可。

幸运是什么东西？

你也许会想：等一下，你忽略了某件事情。安德鲁·卡内基非常幸运。他得到了天时，当时的美国正在向铁路、石油、钢铁时代迈进。卡内基正好拥有足够的筹码，他下对了赌注。我希望自己也能拥有他的运气。

然而，所谓的幸运到底是什么东西呢？你以为幸运的意思就是天降洪福吗？

当然，天降洪福可以使人获得巨大的收益。但是，好运连连的情况却是少之又少。有些人赌马赢了或是买彩票中奖了——然而，这些人能够碰到几次这样的机会呢？你可以向任何一个经常赌博的人打听一下，他们一定会悲伤地摇头哀叹道：获奖概率寥寥无几。

我们常说命运女神变化无常。这句话的意思是好运不会总是降临在同一个身上。

在古罗马，好运被尊为女神。然而，当罗马人处于战争中时，他们会派出世界上最精良的军队，配备上当时最为先进、强大的武器，在将军的指挥之下，在战争中取得一次又一次的辉煌胜利。罗马人虽然崇尚好运，但却事事依靠自己。

不够聪明？

也许你会说："好吧，就算不存在幸运女神。卡内基的成功与好运无关。但他无疑是个睿智的人。我想我可能没有他那么聪明。"

但真的是这样吗？这点非常值得质疑。

一般而言，我们每个人的智商都与所谓的"天才"相当。科学研究表明，成功与否并非取决于是否够聪明。

普通人与卡内基、莎士比亚、林肯之间的区别并不在于后三者更加聪明。他们并没有继承到注定会使自己的生活高人一等的超级才智。他们的父亲、祖父，生来都是穷苦之人，而且一生穷苦。无论前瞻还是后顾，都证明遗传因素无足轻重。虽然莎士比亚本人是执笔在手的著名语言大师，但他的父亲与孩子并没有为世人留下一行不朽的词句。卡内基与林肯的祖先或是后裔，也都没有名垂青史。

因此，出人头地的秘诀并不在于具有特别突出的聪慧，而是在于印度圣人所说的凝念或是集中精神——尽可能地发挥自己与生俱来的思想力量。圣人告诉我们，普通人只使用了一小部分神赐的力量。由于他们不了解自己的思想与思想运作方式，因此才无法发挥出这种世界上最强大的力量。

一则历史笑话

思想科学是人类最后才发现的科学，这真是一个历史上的笑话。虽然，最初是人类思想使人类高于野兽——思想使人类能够创造出超乎自然的奇迹——然而，人类却很少思考自己的思想，也从未将思想力量发挥到极致。

4000年前，埃及人的建筑、航海与测量科学非常先进。2500年前，希腊人开始研究天体，并对天文学规律有了较为深刻的了解。2000年前，古罗马人精通医学、工程学、战争学、文学与哲学。然而，这些杰出的古代人民，尽管知识渊博，成就巨大，却从未思考过思想本身！

思想科学，也就是我们所谓的心理学，直到600年前，在欧洲建起了第一座心理实验室的时候，才引起了西方人的注意。尽管这门科学已经取得了不小的进步，但是还仍然处于起步阶段。

瑜伽修行者的科学

这也许令人难以置信，但东方大师们确实预测出了很多西方世界现代心理学的重大发现。我们之前所述的瑜伽修行者，在数千年前就已经掌握了思想的力量。他们认为能够控制情感与思想进程——即发展意志力——是瑜伽修行的第一步。正如帕坦伽利在一部佛经中写道："瑜伽修行重在全面掌控思想与情感。"这种掌控通过圣人所说的凝念即可达成。也就是将思想与意志专注于某事，直到意念达成的能力。在这一过程中，你要学会如何使用潜意识思想的潜力。

潜意识思想

什么是潜意识思想？大多数人都没有意识到自己体内终生潜藏的巨大力量。威廉姆·詹姆士认为，由于人们忽视了这种巨大的力量，因此，普通人实际上只发挥了潜在思想力量的 10%。想想吧！只有10% 而已！人类的力量几乎没有极限——90% 的力量还没有发挥出来。人们有无限的财富——只是人们还不知道如何获取而已。人体内潜伏着如同造物主一般的力量，但人们却满足于千篇一律的生活——吃喝、睡眠、工作——在沉闷的日常生活中辛勤劳作。如今，一切自然，一切生命都在呼唤着人类的觉醒，都在激励着人类！

你才是自身命运的主宰者

有一种力量静静地沉睡在你的体内，只要你唤醒它，你就能够成为自己想要成为的人，得到自己想要的一切，实现自己追求的一切目标。你只需发现这种力量并激活它。当然，你必须知道如何去做。不过，首先最重要的是要坚信自己确实拥有这种力量，你的首要目标是了解这种力量——"感觉"这种力量。

世界上的心理学家与形而上学者一致认为：思想就是一切。你可以成为自己所想成为的人。你无须生病，无须不开心，也无须遭遇失败。你并不仅仅是地球上的一块泥土。你不是驮兽，你无须整天辛苦劳作，为了存在而存在。

你是地球的主人之一，你具有无限的潜能。在你体内有一种力量，只要加以正确引导，即可使你脱颖而出，跻身于地球精英之列——成为人类之中的实干家、思想家、领军人。这种力量与你同在，你只需启用这种力量，它是被你忽视的遗产——思想可以成就任何事情！

意识思想不能解决问题

普通人只会借助意识思想的协助去解决问题，这通常会使人们的生活陷入一片混乱之中。当人们遇到问题时，意识思想会给出上百个解决方案。意识思想非常乐意基于过去的经验、见闻、迷信、偷懒倾向等等发表意见。我们不要忽视影响人类决定的另一个因素——人们总是担心他人会如何评论、如何看待自己的行为。无论错得多么离谱，人们总是会坚守他人的习惯、风俗、道德观与世俗信仰。

通过一味遵从意识思想的引导，越是所谓的明智之人，越有可能犯下更多更大的错误。只要看看第二次世界大战期间与第二次世界大战之后，由智者们所起草的极其荒谬的条约与协议即可不言自明。他们不自觉地把共产主义看作威胁到了每一个生命存在的最强大的世界力量之一。看看如今众多西方地方政府与中央政府的腐败与愚蠢规划——一切都是所谓的人类领袖借助意识思想所订立的世俗规划。

用你的潜意识思想规划人生

大多数人完全忽视了自己体内沉睡的巨人——潜意识思想。潜意识思想是强大的信息、指引与启发的来源。

通过有意识地引导内在思想去解决生活中所遇到的问题与窘境，你就可以消除意识思想中 90% 的忧虑、顾忌与推断。你就可以避免浪费脑细胞去思索寻找每一个挡路困境的答案。

　　你可以轻易养成在潜意识思想中构建问题答案，或是解决问题方案的习惯，以便知晓自己希望成就什么，希望了解什么。然后，你才能有意识地将问题转给内在思想或潜意识思想，潜意识思想会立即分析问题，将问题简化分解；进而解决、破译、排除问题。

　　通过这种方式，潜意识思想能够排除大量累赘思想，进而使意识思想忙于有效地执行其他任务，同时，重要的解决方案也会浮现到意识表面。

神奇的记忆力

　　人类每天会以无数种方式激发潜意识思想的活动，然而，最常见的大概是做记忆之用。每个人都有过这种经验：试图回想起某个曾经非常熟悉的名称，但却怎么也想不起来。有时似乎到了嘴边，但说出来却并不正确。因此，不得不就此作罢。可是，几个小时之后，这个名称却奇迹般地清晰而明确地浮现出来，而且还伴随着很多相关情景。

　　由此可见，潜意识思想并不仅仅是思考机器——它也是记忆仓库。曾经在你身上发生过的每一件事情，你曾经知晓的每一件事情，都会以有序的方式排列在潜意识思想之中。形象地讲，潜意识思想中包含数百个堆满文件柜的房间，其中满是过去经历的点点滴滴。即便你有意识地放弃寻找渴望忆起的点滴，潜意识思想仍然会继续搜寻，翻找一个接一个的文件柜，直到找出答案为止。

　　你可以培养出一部极其高效的记忆机器。不会真的丢失记忆或遗忘存放在其中的任何事情。回想与追忆主要取决于脑海中的正确检索方法与对照检索主题。

真正的心灵现实

思想有多少是意识思想，又有多少是潜意识思想？过去 75 年来所进行的科学研究，基本上搞清了人类卓越的潜意识能力。

被人们称为精神分析之父的西格蒙德·弗洛伊德博士曾经说过："无意识（潜意识）必须被视为心灵生活的一般基础。在无意识这个较大的圈中，包含着意识这个较小的圈，每一个意识都包含着初步的无意识阶段……无意识才是真正的心灵现实。"

源自潜意识的灵感

我们发现在一切思想活动中，潜意识思想扮演着极其重要的角色。潜意识思想最为显著的影响在于创造，这种思想活动的结果被称为"灵感"。发明家突然想到改良发明物的方法；制造商突然发现滞销产品的销路；诗人头脑中突然涌现出用于诗篇创作的合适辞藻；科学家突然得出百思不得其解的公式；这一切都要归功于他们的灵感——灵感真实存在，灵感是潜意识思想的产物。

将毕生精力用于研究潜意识的弗洛伊德博士，曾这样说道："即便是在知性与艺术作品之中，人们也许会倾向于过度高估意识特性。通过对某些多产的作家进行研究，如：歌德与赫尔姆霍茨，结果表明，他们的大多数创作本源都是以灵感的形式出现的，而且会以基本成形的状态浮现出来。"

由此可见，潜意识思想是供应人类一生想法的发电机，同时还伴随着通往成功的灵感的激流。只要管理得当，潜意识思想将会成为神奇的力量之源，从而使你成为世间的伟人之一。如果你学会如何明智地运用潜意识思想，那么你绝对无须渴求任何有助于你渡过难关的想法与能量。

如何才能学会将潜意识思想淋漓尽致地发挥出来——与这种巨大的力量相比，意识思想简直无足轻重？答案是：通过掌握集中精神的艺术，也就是远东大师们所谓的凝念。

有些已经成就伟业的人也许并不懂得大师理论的相关知识。安德鲁·卡内基也许从未听说过大师理论，但他却本能地抓住了大师理论的原则。也许"石墙"杰克逊只是接触到了一些东方教义的皮毛，但他却无意识地理解了这些教义，因为他的言行简直是大师们的翻版。伟人们对于生命的内在法则，几乎都有本能的理解。

然而，我们在没有指引的情况下，注定会终生在黑暗之中摸索。因为我们的洞察力不够敏锐，我们只会浪费时间在死胡同中来回徘徊，而此时，我们本应该已踏上通往成功的康庄大道。在我们体内可以感觉到成就伟业的冲动，但我们却不知道如何成就伟业。

所有这些内容都只是序言。上述内容阐述了东方智慧的科学依据。在下一章中，你将会看到东方智慧的实际运用。你将学会如何像已经有所成就的人一般，用自己的努力换来丰厚的回报。大师理论连同简单易懂的法则，将会向你阐明如何释放潜意识力量，进而使你直达心中所愿。

大师理论明确而实用，如果你只是暂时遵行这些理论，那么你将会迅速收效。如果你能够持之以恒地坚守这些理论，那么没有人知道你究竟能够走多远。

第五章

第一个秘密

灵台者有持，而不知其所持而不可持者也。

——庄子

纽约市拥有世界上最大的港口。不论天气情况好坏，每天都有数十艘航船朝着这个巨大的港口驶来。有些是来自附近站点的小船；有些是来自世界彼端的巨型远洋客轮与货轮，如香港、澳门、孟买或是开普敦。然而，无论远近，这些航船都有一个共同点——它们知道自己将要开往何处。

假设这些航船的某一位船长，在航船离开船籍港之前，下达了起航的命令，但却发现自己没有明确的航船的目的地。也许这艘驶入大海的航船性能卓越，而且随行的都是特级水手，但他永远也无法抵达这次旅程的终点，不是吗？即便他在正确的港口抛锚，很快他又会载着原始货物再次起航；连自己的目的地都不知道，又怎能知道自己曾经抵达过目的地？

　　当然，所有思想正常的船长，都不会在不明确航行命令的情况下就起航出海。可是，数百万人却这样做了。他们怀着抵达某处的希望，展开了生命旅程，但却没能明确自己想要抵达的目的地。如果就如同常规情况一样，他们永远都无法抵达某处，那么这只能怪他们自己。

　　大部分人都会随波逐流，让生命的潮起潮落来决定自己的方向。他们的生命就如同浮萍一般，缺乏决心与方向，他们常常会发现自己搁浅在冷漠而贫瘠的海岸上。

　　另一些人有自己的目标，但却时常更换目标，这种情况也同样糟糕。我们将这种人称为"半吊子"。有时，这种人既聪明又有天赋。他们的主要问题在于从未明确过应该如何使用自己的天赋，因而浪费了天赋，做出了种种荒唐无用的举动。

不要成为"半吊子"

　　我们每个人都认识这种类型的人。比如，我想到了一位老朋友，你一定也想认识一下这个可爱的人。在此，我们暂且称呼他为汤姆，不过，这并不是他的真名。

　　每年，汤姆都会发现自以为可以赚钱的新行业。但几个月之后，他就会灰心放弃了。

　　有一次，汤姆打算成为发明家，他研究了很多成功的发明，想要对其进行可以获得专利的改良。可情况进展刚一碰到阻碍，他就觉得这个行业并不适合他。

　　汤姆有很多爱好，其中之一就是业余摄影。转向新目标以后，他被杰出的专业摄影师的成功打动了，如：玛格丽特·伯克·怀特与罗伯特·卡帕。汤姆决定成为艺术摄影师，还要以此为生。

从此，汤姆开始四处游走拍照。无论他走到哪里，都会随身携带照相机。他抓拍了孩子们坐在窗边的影像，拍下了古老的教堂尖顶的照片与破旧棚屋的照片。

当他把拍摄的照片拿给我看时，在我看来，有些照片的确不错，但大部分照片都相当平庸。我当时在想：如果他学习一段时间之后，再去拍摄照片，应该会拍出优秀的作品。

然而，汤姆却并不是个有耐心的人。他把所拍的照片寄给了几家杂志社，杂志社的人员表示稍有兴趣，但却并不打算购买任何一张。汤姆非常伤心，同时决定自己并不适合做摄影师。如今，他正在四处寻找青草地。

接下来，汤姆打算成为画家。他为自己买了画架、颜料、画布，开始疯狂地绘画。他最初的一些画作非常粗糙，但却显示出了汤姆的绘画天赋（我曾说过他是一位具有天赋的人）。不久之后，他卖出了一些画作。几个月过去了，他的画技有所提高。但此时此刻，他对于自己是否想要成为画家变得摇摆不定。画家的收入并不像他预期的那样丰厚，此外，他还萌生了尝试写小说的想法。

从那以后，汤姆连续换了 5 个行业，如今正在寻找另一个新行业。毫无疑问，汤姆体会过很多乐趣，但他却总是被无法找到自我的感觉所困扰。他的妻子，在与他结婚 15 年之后，仍然不知道下一周的生活费将会来自何方。

还有一种人与汤姆截然相反，他们很早就确定了自己的生活目标，并随之全心全意地为了实现目标而努力。这种人与安德鲁·卡内基或

"石墙"杰克逊非常相似。沃尔夫冈·阿玛迪斯·莫扎特就是一个典型的例子。

他知道自己想要什么

莫扎特也许是迄今为止最伟大的音乐奇才。尽管他已经去世150多年，但他的唱片与音乐印刷品仍具有成千上万的月销量。在诸如伦敦、巴黎、罗马、莱比锡这样的世界大都市中，每年都有极其杰出的音乐家，通过演奏莫扎特的代表作，赢得了满堂喝彩。孩子们学习演奏钢琴或小提琴时，都要从莫扎特的简单作品学起。然而，这位伟大的天才却由于患上了斑疹伤寒症，结束了仅仅36岁的生命。

莫扎特如何在如此短暂的生命中取得了如此巨大的成就？答案明摆在眼前：他在刚刚3岁的时候就已经知道自己想要成为音乐家。他出身于音乐世家，和其他众多小孩一样，他不仅想要遵循父亲的步伐，而且从未动摇过这一坚定的信念。因为他知道自己生命的目标，他从未浪费过一丝精力。他在9岁的时候，已经能够创作出与其他老练的音乐家相媲美的奏鸣曲了。他在20多岁的时候，创作出了伟大的歌剧——《费加罗的婚礼》、《魔笛》、《女人心》，每一部作品都在短短几个月内就完成了。莫扎特死亡的年龄，对于其他同龄人而言，可能才刚刚发现各自的才能——他是一位前无古人后无来者的杰出作曲家。（据官方统计，莫扎特的作品有626件，其中包含22首歌剧）

如果你能够像莫扎特一样，知晓自己的生命目标，那么为成功而战的战争有一半都会胜利。你不会浪费宝贵的年月。就如同瞄准目标的箭一般，你将会一箭中的。正如奥维塔·卡尔普·霍比所说："懂得选择……终极目标将会指明方向，强化人生之中的每一天。"

由此可见，在你开始凝念或集中精神之前，首先要明确自己渴望专注的目标。你想要专注于名还是利？还是成功的社交？如果你看重金钱，那么你打算从哪个方面来获取金钱？你的选择必须清晰而明确，如果你每年都要变更目标，那么你的命运注定会像半吊子一般。

考虑自身的个性

为了做出明确的决定，你必须考虑到自己的好恶与资质。你为自己设定的任何目标都要符合你的基本个性。也许你对销售工作极其感兴趣，但如果你的性格羞涩内向，在众人面前感到拘束，那么你最好更换为其他的挣钱途径。如果你讨厌细枝末节、讨价还价，那么你最好不要成为制造商，因为那些买进、卖出、制造商品的人必须密切关注成本以及数以千计的琐碎细节。如果你喜爱社交，无法忍受孤独，那么希望自己成为作家绝对是错误的决定。

经验表明人们可以出色完成自己感兴趣的事情。如果工作是某人的兴趣所在，那么他在工作中必定会有出色的表现。由于他对工作感兴趣，因此工作中的任何事情对他都具有吸引力，被别人视做苦力的工作，对他而言却是消遣娱乐。

从学校学生的表现中可以非常明确地观察到这一规律。比如，有的学生非常喜欢学英语。他们拼写正确，可以流利而生动地表达出自己的想法。他们的英语分数很高，这仅仅是因为他们对语言感兴趣。其他学生的英语成绩也许才勉强及格，通常而言，这些学生的拼写能力较差。某些事情对某些人具有极其强大的吸引力，因此，在这些人看来，这些事情简直易如反掌。我们认为某些技能是天生的，我们将某个人视为"天生的生意人"，而将另一个人视为"天生的推销员"或是"天生的音乐家"。

任何人都会发现自己的所长与最适合自己的专注目标。如果有几个目标可供选择，那么应从中选择自己最为得心应手的目标。也许最初的时候，这一目标的回报不如其他目标丰厚，但是表象总是具有蒙蔽性。如果你为自己选择了正确的目标，那么你的兴趣将会释放出你的潜意识中的力量。潜意识力量将会引发轻松能量与创造性行为，你的收入很快就会超出那些最初为了丰厚的工资而从事某些行业的朋友们的收入。伍德罗·威尔逊曾经根据自己长期的经验说道："热情产生于倾尽全力使真正的目标得到满足，热情使力量得以自由释放。"

设想具体的目标

到目前为止，我们一直都在概述。当我们谈到渴望专注的目标时，我们将其描述为"财富"或是"成功"等等。概述可以特指，但却并非真实存在。

具体点讲，人们在看银行存折的时候，不会看到"财富"的字样。人们只能看到余额 500 美元、5 000 美元或 50 000 美元的字样。同样，"成功"也并非存在的实体。然而，人们却可以拥有一栋包含 15 个房间的房屋、全新的凯迪拉克、1 000 股 AT&T 股票，还可以收到朋友们尊敬的问候。这些都是成功的实在表现。

凝念的第一步就是要设想具体的目标。通常而言，概述缺乏实质。

茫然的目标并不引人注目。如果你的目标清晰具体，不抽象，那么更有利于发挥出潜意识力量。只有在思想中构建出具体的影像，才更有利于你实现该影像。

清晰的认识有何帮助

举例而言，假设你想要一部新车。可不幸的是，你无法决定选择福特、克莱斯勒、庞蒂克还是其他品牌的汽车。在你看来，每个品牌的汽车都有其各自的优缺点。

你很可能会花费时间阅读报纸、杂志上的广告，或是走访汽车经销商的展示间。当你看到一款自己心仪的克莱斯勒轿车时，你会对自己说："是的，这部车的确很棒，不过，庞蒂克（或是福特或是雪弗兰）要便宜一些。"当你看到自己心仪的福特或雪弗兰汽车时，你也许意欲购买，但此时你又会想：庞蒂克或克莱斯勒更结实一些，而且更有派头。我想还是等过段时间攒够钱再买吧。如果对自己的渴望没有清晰的认识，那么将会造成行事犹豫不决、踌躇不前。

另一方面，如果目标影像清晰明确，那么你将会立刻采取行动。

假设你已决定要买一部全新的庞蒂克。也许你还没有攒够买车的钱，但你却知道自己想要什么。每当你看到一部新的庞蒂克，就会令你想起自己的目标。这会促使你尽快攒钱，或是去银行的贷款部门贷款，或是努力工作争取加薪。其实，无论某人购买庞蒂克、雪弗兰，还是克莱斯勒，从深层意义而言，并不仅仅是在购买汽车，更是一个使自己的想法成为现实的过程。你越快明确自己的渴望，就能越快实现渴望。

具体目标的力量

　　具体的目标可以唤起内心深处的强烈回应，这是其他任何方法都不能比拟的。如果你与大多数人一样，那么当某人向你讲述贫苦人民所遭受的不幸时，你会面带悲伤地同意应该采取一些措施，以便改善情况，然后，就会将此事抛置脑后。然而，如果某人向你出示了一张贫苦幼童骨瘦如柴、面容悲苦的照片，那么你可能会大为动容，立刻把手伸进口袋。

　　很多宗教团体，早已认识到具体影像对潜意识思想产生的效力，因此，很早以前就制造了各自的神像，以便启迪信徒。他们不一定是要告诉人们石像或石膏像中蕴藏着神灵，而是要强化实体影像，使人们始终对宗教塑像心存敬畏。

在工作中进取

　　如果你旨在升职加薪，那么不要满足于只想着自未来某一天起，自己的年薪将会比现在多 5000 美元。为了让自己的潜意识力量马上发挥作用，你必须为其提供有吸引力的诱饵——设定近期目标。要对自己说："到今年年底，我的工资要比现在多 1000 美元。"要经常说这句话。如果你能够切实遵行本章与随后章节中所述的其他简单的凝念规则，那么你将会惊奇地发现机会很快就来了，或是由潜意识思想创造了机会，从而增加你在公司的价值，最终提升你的盈利能力。

非凡的感知力

印度圣贤帕坦伽利曾在一部意义深刻的佛经中写道："集中精神可以产生非凡的感知力，从而令思想坚忍不拔。"为了得到某件东西，首先必须让它在感官中留下深刻的印象，进而才能在思想中留下深刻的印象。印象越深刻，每一道潜意识流才会越轻易地使愿望成真。

当前目标可以在感官上留下深刻的印象——然而，如何才能使印象深刻到足以令思想坚忍不拔，直到实现愿望为止呢？

如果你能够从曾经学习三 R（阅读、写作与算数）的教室中领会暗示，那么你就能够做到这一点。也许你还记得老师曾在固定于墙上的公告栏中写下的某些格言，也许你最初就是从教室张贴的图片中，获悉了乔治·华盛顿或是亚伯拉罕·林肯的容貌。因为每天都能看到，所以印象非常深刻。

潜意识中的印象

我们大多数人都属于视觉型思维。与听到的东西相比，看到的东西能够给我们留下更加深刻的印象（音乐家与其他一些情况不适用于该法则）。因此，看到具体的目标必定会大有裨益，不仅要让思想之眼看到目标，而且还要让肉眼也看到目标。

如何强化印象

让我们看些实例。你企盼得到什么东西？想要一部新车？你可以把渴望得到的新车图片挂在自己可以经常看到的地方。豪华的新房对你更有吸引力？翻阅杂志，找出自己喜爱的房屋的类型，并将图片剪下来。把这些具体目标的图片制成小册子，或是贴在笔记本上，每天早晚经常翻阅。翻看图片时，想着自己多么渴望这些东西。极尽所能地在意识思想中留下深刻印象。你的意识思想会把这种印象传达给潜意识，通过意识与潜意识的共同协作，帮助你达成目标。

得到自己想要的东西

利用所能想到的一切方法去强化自己渴望之物的影像。记住，你所看到的影像越清晰，观看次数越频繁，愿望实现的速度也就越快。

想要得到财政保障吗？经常拿出存折，观察可以令储蓄增加的各种存款方法。设想年终时，期望存款数额达到多少。计算自己的政府储蓄债券。看着它们，感觉它们。告诉自己在 12 个月完结时，想要增持多少。如果你能够对这些目标足够专注，那么你将会实现这些目标。

你是否想过自己的下一个假期要在法国、百慕大或是加拿大落基山度过？看看自己能否弄到这些景点的旅游海报。将这些海报挂在书房、卧室或厨房之中。它们不仅能够为房间增光添彩，还能够点亮你的潜意识，使其努力实现你所企盼的美妙假期。你也可以索取旅游文件册，并且要经常翻阅。如果你足够专注，且愿望足够强烈，那么在你反应过来之前，你已经登上了前往梦想之地的飞机或轮船——你会狠掐一下自己，以确信自己不是在做梦。

也许你渴望拥有一个珍藏书籍或唱片的图书馆，或是拥有一个华丽的衣橱——这也许需要花费数万美元——但你却无法想象自己拥有足够的财力。那么使梦想成真的第一步不仅是要设想自己足够富有，而且要具体想象出自己渴望得到的书籍、唱片或服饰。

不仅要有这种设想，而且要前往书籍、唱片、服饰的销售地点，看着它们，想着自己渴望的东西。在阅读报纸或杂志的时候，要特别关注有关这些东西的文章与广告。

不久之后，你将会发现自己正在建设自己渴望拥有的图书馆或衣橱。你的潜意识思想，由于受到过这些东西的视觉刺激，将会帮助你达成愿望。你的意识思想也会同样如此。随着你对这些物件的销售渠道日益熟悉，你将会发现偶尔会有打折信息，或者说，只要你认真观察，你将会发现极其便宜的促销活动，销售价格不过是原价的一小部分而已。依据你的兴趣大小、专注程度，或快或慢，你将实现自己的抱负。什么都无法阻止你！

减肥

以当前目标的方式，构建出具体的影像的方法适用于你渴望实现的任何目标。如果你与很多人一样，体重超标，那么你将会发现这种方法比减肥药物更加有效。然而，方法却要使用得当。不要只是说："我想减肥"——这句话太模糊、太抽象。应该想象自己渴望拥有的减轻10千克之后的优美体型，这个影像将会成为杜绝摄入额外热量的警钟。最好能够把自己早年体重较轻时的照片，挂在自己经常能够看到的地方。告诉自己每周计划减掉1千克，或是减掉某个重量，这要根据自己的年龄与健康状态而定。每天早餐上秤，称量体重。与世界上任何医生的任何劝告相比，看到自己的体重在秤上呈现出显著的超标数字，更能有效地帮助你控制食欲。

常识性秘密

通过这些简单的实例，你会发现不论自己是否竭尽所能地使想象具体而坚定，世间并不存在实现愿望的魔法。追根究底，凝念或集中精神才是常识性技巧。

据说，每个人都认为自己拥有足够的常识。然而，一般经验表明事实并非如此。有些人只会懒散地模糊梦想着自己渴望得到的东西——较好的工作、较多的银行存款、崭新的汽车、漂亮的房屋、华丽的服饰、苗条的身材——但却缺乏采取初步行动的常识，他们无法全心全意地专注于当前的具体目标。

这却是达成世间愿望的唯一途径。

第六章

第二个秘密

无论你认为生命是否有价值，你都要经历生命。无一例外，也无一幸免。岁月无法摧毁你，你也无法摧毁岁月，生命是必经的旅程，但是，你可以决定自己的生活水平。也就是说，如果你知识渊博，就能应对自如。我们如今的主要问题在于我们的知识不够渊博，只会做出错误的举动。

——J.B. 普里斯特利

那是 1909 年 4 月 6 日的一个寒冷的早晨。6 个渐行渐缓的人正在穿越大冰原，凛冽的寒风在他们耳边呼啸。从他们鼻孔中呼出的空气凝结成了厚厚的白雾。即便穿着厚重的皮毛大衣，身体依然颤抖不停，疲惫使零度以下的气温变得越发寒冷了。

一个多月以来，这队人一直在冰川上向北而行，有时步行，有时乘坐雪橇。如今，马上就要筋疲力尽了，看到领队点了一下头，他们才停下来休息。领队打开一个仪表盒，进行了测量。他们位于北纬89°57′。他的下巴僵硬，凝视着北方，而他的队友们则蹲在了冰面上。

这队旅人休憩了几个小时，试图恢复体力。即便如此，当领队召集大家时，大家看似好像刚刚休息了一小会儿一般，依然疲倦不堪。他们慢慢地站了起来，准备继续前行。尽管领队非常困难地走向雪橇，但与其他队员相比，领队似乎剩余较多的体能。这一小队人顶着凛冽的寒风，在寂寥而又广袤的冰川上穿行着。

领队的手再次举了起来，这队人停下了脚步。4个因纽特人斜视着黑色皮肤的人，而领队再次打开了仪表盒，进行了测量。一缕微笑浮现在他那结霜的脸上。因纽特人感到欢欣鼓舞。虽然他们并不知道自己为什么会这样，但领队疲惫的脸上所浮现出的愉悦表情胜过千言万语，说明他们已经取得了意义非凡的成功。

然而，领队却知晓原因。他身上的每一个细胞都知晓原因。有史以来，人类第一次登上了北极。

或许你已经猜出了这位领队的身份，他就是美国海军指挥官罗伯特·艾德文·皮尔里，那个黑人是他的忠实助手汉森。

这是皮尔里的第8次北极探险。20年来，他一直梦想着把美国国旗插在这片荒凉多风的土地上。为了这个目标，他投入了每一份精力，灵魂中的每一份构想。如今，他实现了这个目标!

在曾经的一次探险过程中，皮尔里试图取道格陵兰北部抵达北极。他走了很远，但最终由于供给不足，他与队友折回了最近的一处因纽特人驻地，只有一半人与一条狗生还。还有一次，他的腿骨折了;在另一次探险过程中，他的7个脚趾被冻僵了。通常，他都筹集不到足够的资金去维系探险旅程，去装备极地探险所需的特制船舰。他不得不暂停计划，走遍美国去演讲，在无数城镇中不知疲倦地进行一系列的演讲，直到一点点地积聚起所需的大量资金为止。最终，他成功了，因为抵达北极的梦想比其他任何挡路的自然因素或环境因素更为重要。

诗人克拉伦斯·麦克凯将这一英雄人物与其他伟人的伟大成功秘诀归纳为如下诗句：

> 如果你能够规划高尚的行为，
> 且不成功决不罢休，
> 尽管在冲突之中，你的心会流血，
> 无论遇到什么困难，
> 你的时代将会来临——前进吧，真实的灵魂！
> 你将获得奖赏，你将实现目标。

皮尔里的行为以及这首诗直接点明了大师们的第二个秘密。

大师们的法则

在前一章中，我们反复强调了明智选择目标的重要性，而且给出了构建具体目标的实用建议。我们认为潜意识思想应该直接对具体的想象负责，潜意识思想有助于达成自己构建的目标影像。你的任务是在思想中坚守目标——就如同皮尔里坚守他的目标一般，就如同爱迪生、安德鲁·卡内基坚守各自的目标一般……如果你能够成功地在思想之眼面前，坚定不移地坚守自己渴望的影像，那么这一影像必定会成为现实。这就是大师们的法则。

　　是的，如果专注度足够强烈，那么人力范围内的任何愿望都必定会成为有形的实体。另一方面，如果你允许冲突或疑虑入侵自己的思想，那么它们将会挤走愿望，使之无法成真。

　　这不仅仅是大师们的法则，而且也是心理学与生理学的法则。该法则每天都会被验证上千次。在此可以借助一个简单的实验来观测该法则的运行。你无须任何专用设备——试管、酒精灯、化学品等等。你所需的只是你的手指与思想。

做实验

　　伸出左手食指。伸直，但不要紧绷或僵硬。然后告诉自己要这样保持下去。与此同时，想一下希望弯曲手指。你有没有感觉到想要弯曲的冲动穿透了手指？神经系统做好了弯曲手指的准备——手指开始稍稍弯曲——但却不会继续弯曲，因为你事先已经决定要保持下去，只是想了一下弯曲手指而已。

　　此时，完全放弃保持手指直立的想法。现在你唯一的想法只有弯曲手指而已。这时，你一伸出手指，手指马上就会开始动作。它会顺从于你的思想。

　　这个小实验，在物理层面上，证明了已经提到的非常重要的一课。如果你没有任何杂念地想着某种行为，那么你的身体将会遵行其事。

思考，然后行动

事实上，一旦想要做某种行为的想法浮现在你的思想之中，你的身体就会自然地做出反应，无意识地完成一系列动作。通常，这个行为在初始想法浮现之后立刻就会发生。人们的大部分常规行为都是在这种潜意识基础之上发生的。

让我们以每日穿衣这件事为例。早晨起床之后，浮现在脑海中的第一个想法就是穿上衣服。此时，你可能依然睡眼惺忪或是神志不清，但不久之后，你将会发现自己已经穿上了部分衣服，或是已经着装完毕。你也许无法回想起穿衣的各个步骤——穿鞋、穿袜、穿内衣——但你的确依次穿好了。如果没有与之对立的思想存在，那么该思想将会自我实现。心理学家把这种行为描述为"动念动作"。先有想法——然后才会有身体的运动机理，运动机理本身没有任何思想，它受潜意识思想引导，可以把潜意识思想错综复杂地表现出来。

在每天24个小时之中，你会执行数千次动念动作。再举一个例子，假设你去拜访朋友，与其闲聊。在靠近你的茶几上，有一碟巧克力和坚果。它们看似非常美味的想法在你的脑海中一闪而过。在谈话的过程中，你会发现自己一次又一次地把手伸向小碟子，拿取糖果或坚果放入口中。这个行为并不会打断你与朋友聊天的思维，你甚至根本没有意识到这个行为。一旦某种想法浮现在你的思想之中，如果没有阻碍该想法履行的障碍物存在，那么该想法将会被不自觉地履行。

德国科学家罗兹曾在他的划时代著作《医学心理学》中，详细地描述了这种有趣的现象：

"在写作或是演奏钢琴的过程中，我们会发现大量的复杂行为，迅速地接连不断，这些行为的初始想法只在意识之中一闪而过，每个想法转瞬即逝，不足以唤醒其他思想，只会使该想法本身得到实现。我们日常生活中的一切行为都以这种方式发生：我们的站立、行走、言谈，所有这些都无须意愿的明确刺激，只需通过思想的流转即可引发。"

有些想法为何毫无作用

另一方面，正如你所熟知的那样，在很多情况下，你思想之中的想法可能会毫无作用。比如：在寒冷的早晨，你不愿离开温暖的床。你有起床的想法，但不论你多么认可这一想法，你的起床行为却会延迟数分钟，甚至数小时。既然想法如此明了，为什么不起床呢？

答案是你的想法具有抵触性：你希望起床，但同时你也希望留在床上，尽享舒适。正如威廉姆·詹姆士所说：

"每一种行为意念，都会在某种程度上，激发实际的目标行为；然而，只有在思想中没有同时出现相反的行为意念，进而阻碍该行为发生的情况下，才能最大限度地激发该行为。"

正是这一事实说明了为何众多良好的解决方案都毫无作用。我们在思想之中构建了自己的目标，但我们却持有阻碍目标实现的思想。我们希望在世界上领先一步——但我们的贫困思想、失败思想、疾病思想却削弱或抵消了我们的成功思想。这些思想阻碍了正面思想的自我实现。

你必须专一

在大师们的所有著作与教义之中，有一个术语一再出现，就如同歌曲的副歌部分一样。

这个术语就是"专一"。专一是凝念或集中精神的核心，也就是通往成功的实践方法的核心。根据大师们的说法，能够真正做到专一的人，是命运的宠儿。

什么是专一？上师帕坦伽利说道："当你学会在混乱面前控制思想时，你的思想就实现了专一。这种品质是一种思想状态或境界"。

专一是指排除思想之中的所有其他想法，只保留自己想要实现的某一个想法的能力。专一是专注于梦想，直到梦想成真的力量。专一是自我锻造的坚硬而又闪亮的盔甲，它将阻挡一切诱惑与苦难，使你正确无误地朝着梦想成真的方向前进。

最高理想唾手可得

也许专一听起来很难做到。就某种意义而言，专一是大师理论中最难掌握的部分，但依然可以实现，而且普通人中的很多人也可以做到。如果你的愿望足够强烈，那么最高理想唾手可得。

帕坦伽利告诉我们，通过练习，任何人都能够做到专一。培养专一有很多方法，之前已经介绍了一些方法，接下来，还会陆续向你介绍更多方法。如果你能够坚持不懈地遵行这些方法，那么专一很快就会成为你的习惯。不久之后，幸运果将会落在你的脚边。

帕坦伽利说："持续专一可以引发三摩地——即福佑。"专一可以为你带来非凡的力量。它可以调动潜意识思想，使你具备不可思议的力量与效能。就如同明亮的太阳一般，它把"力量之光"深深地射入人体内，温暖人体，为人体注入了正面成功的生命特质，而绝大多数人甚至不知道自己拥有这种力量。

由它激活了潜意识力量，随着不断练习，专一将会大有长进。尽管起初这种力量会断断续续，但不久之后，专一将会成为你的第二天性。用不了多久，你将会发现潜意识思想会主动为你服务，为你铺平成功的道路。看似难以实现的事情将会变得轻而易举。你的朋友们将会惊讶于你的处变不惊，惊讶于你面对困难的自信，以及你避重就轻、迅速处理棘手问题的能力。更为重要的是，他们将会惊讶于你的意志力。

作为一个整体来运作

专一的人之所以能够实现自己的渴望，是因为他们能够作为一个整体来运作——无论在生理层面、心理层面，还是潜意识层面。潜意识思想可以放大意识思想与肉体的效能，使三者能够和谐统一。

大多数人的思想中都存在障碍物，障碍物有碍人们充分发挥潜能，而专一之人则能够移除障碍物。忧虑思想、缺乏自信、疲惫不堪以及其他有害因素将会被一扫而空，彻底实现自制，成功唾手可得。

消极思想与积极思想

如果你希望做到专一，那么首先必须认识到消极思想的危害。早

67

期，我们受制于消极思想的有害力量，伤及自身。可反过来讲，也是同样道理：成功思想、成就思想与健康思想将会有助于你获得成功、成就与健康。

我们从大师们的教义之中了解到，思想具有实体形态。虽然思想的形态不同于实物，但其本质却与电能的表现相同。思想就如同电能一般贯穿身心，思想依据自身的积极或消极程度，起着有益或有害的作用。

为了能够做到百分之百的专一，你必须使思想百分之百地积极。你越是放纵消极思想侵犯内心，无论是出于冷漠还是由于缺乏自信，你越不可能去做自己想做的事情，或是得到自己渴望得到的东西。正如大师们所说，这是在冒"心绪杂乱"的风险，这是在毫无用处地消耗能量。

道路上的绊脚石

什么是能够扰乱你专一的障碍？帕坦伽利在几个世纪以前，就对这一问题进行了归纳总结，而如今的情况也依旧如此。绊脚石的排列顺序如下："不健康、烦闷、不自信、冷漠、懒散、追名逐利、无力获取所需，获得一次成功之后就骄傲自满、横生枝节，无力坚守自己的目标。"在复杂的西方世界之中，除了印度人帕坦伽利所述的有害力量之外，甚至还存在着其他更多的有害力量。

我们会在适当的时候清除某些绊脚石，对于主要的绊脚石应采取这一观点。帕坦伽利给出了很多解决方法，但对于西方世界的人们而言，最重要的方法无异于心理方法。正如帕坦伽利所说："如果执着地专注于某些方面，将会阻碍绊脚石的清除。"接着，他又为我们提供了具体的建议，他说："如果你希望清除有害的思想、态度与感觉，那么你应该专注于它们的对立面。清除这些思想是明智的做法，这些思想将会阻碍瑜伽术的进步，使你郁郁寡欢。"

逆向凝念

世间的每一种状态或境界都存在对立面。事实上，正是因为存在对立面，我们才能更好地认识它们。如果没有黑夜，自然也不会有白天。如果没有懒人，也就不会有勤奋之人。如果不存在疾病，我们也不会懂得健康。所有状态都有其对立面，但在每一对因素中，只有一面是有利于我们的。如果我们放纵另一面侵袭思想，那么结果只会带来伤害与失败。

在本书中，帕坦伽利把逆向沉思称为逆向凝念或专注积极面。这种方法不仅可以扫除内心的失败思想，使你做到专一，还能够改善你的个性，使你成为更杰出、更高效的人。

表面看来，这种方法非常简单。毕竟，有什么比在你感到沮丧的时候思考开心的事情，在你开始自我怀疑的时候思考自信的价值更容易呢？然而，问题在于：你的消极思想很可能与积极思想一样活跃，有时甚至更加活跃。只有在不同的场合下，经历漫长的冥想之后，你才能以逆向凝念的技术完善自我。

与普通的专注过程一样，在逆向凝念的过程中，你必须完全沉浸在自己的思想之中，直到思想充斥整个身体。你必须从各个宏观或微观角度，认真地专注冥想。只有这样，你所持有的渴望与想法，才会深深地嵌入潜意识思想，进而从潜意识思想中自动转化为现实。只有这样，你才能够根除有害思想，使潜意识思想坚如磐石，使自毁观念无论"撒种"多么频繁，也无法在潜意识思想中"扎根"。

大师的专注

远东大师们所练习的专注，与我们西方人所说的专注概念大有不同。印度圣人罗摩克里希纳根据自身经验，描绘了东方人眼中的专注影像。他说：

"我坐在小树林之中，陷入了沉思，我的身体完全静止，丧失了一切外在意识。鸟儿可以栖息在我的头上。通常还会有蛇盘绕着我那静止的身体。普通人根本无法忍受我所感到的巨大热度的一小部分。"

根据印度教典礼仪式，当罗摩克里希纳说出咒语"Rang"，并想象自己被火焰墙包围的时候，他确实能够感受到神秘火焰烘烤皮肤的热度。此时，他会处于高度的专一的状态之中。

如何开始

逆向凝念的最佳程序如下。

选择一处不会受到打扰的静谧地点，可以是你的书房或卧室。找个舒适的坐姿，脱掉鞋子、摘掉领带、脱下任何拘束身体的衣物。当你感到完全放松、非常自在之后，开始冥想。

如果你是宗教信徒，那么可以与上帝交流一会儿思想。以最适合自己的方式，向上帝祷告，祈求帮助。任何祷告词都可以，只要能够更新你与万能之主的血缘感即可。祷告的同时，细心体会上帝对你的友好情谊。向上帝之爱敞开心扉。坚信他以自己为模型，创造了你，他只希望你能够享受欢愉。

当远东大师们开始冥想时，大体上会做同样的事情。他们也会祈祷，尽管他们把自己的神称为湿婆或是佛陀。他们也会像你一样，使自己与宇宙的核心力量和谐统一，从中汲取力量与能量。

第二步

当你感到自己与神达到了和谐统一，就可以准备进入冥想的第二步了。在逆向凝念的这一过程中，要选择一些你所知的有助于实现计划但却是你所欠缺的基本特质。比如，兴趣、勤奋、自信、冷静、执着、对成功的渴望，所有这些以及其他更多特质都与基本成就相关，而且也是逆向凝念的适当主体。然而，由于在本章中，我们强调的基本内容是专一，因此反向冥想的实例选自帕坦伽利所列的弱化人类专注力的特质。他把这种特质称为"横生枝节的倾向"。以其他名字命名也未尝不可，只要你愿意，你可以称之为"迷失目标"、"心绪杂乱"、"屈从于诱惑的倾向"。

你已经知晓了自己的目标以及自己试图远离的干扰。目标是最为贴近内心的东西——升职、财富、艺术成就、良好的健康状态、社会成就或是你选定的其他任何目标。我们假设你正在追求这个目标，但却由于无法做到专一，因此前进的动力不够。成功意味着工作，而工作通常会令我们感到厌烦。随着时间的流逝，你时常会发现自己所做的事情，对于实现自己的目标毫无益处。某一个晚上你想要观看电视棒球比赛；另一个晚上你想要聆听音乐；或是愿意花费几个晚上的时间，为你的俱乐部做宣传——虽然这是一项有意义的工作，但却于你的成功无益。这种行为就是帕坦伽利所说的消极倾向的表现。

为什么是他，而不是你？

旨在对抗消极倾向的逆向凝念，也许只能持续几分钟或是几个小时——然而，如果你希望此举能够卓有成效，那么应该经常重复练习。首先，你也许会想象到某个熟人取得成功的影像。

我们每个人几乎都认识一些曾经与自己很亲密，但如今却日渐疏远的朋友。也许他曾是你的童年玩伴、你的同班同学或是在同一间办公室工作的同事。也许你们近期一直没有联系，但每隔一段时间，你却能够从报纸上读到关于他的消息，或是从其他朋友的口中得知他最近正在做些什么。也许你已听说他刚买了一栋价值3万美元的房子，他的事业正在突飞猛进，或是他刚写了一部畅销小说。当你把自己的情况与他相比较的时候，你不免会妒忌他的成功。事实上，你还会历历在目地回想起刚刚认识他的情景，当时你还觉得他一无是处。也许你在学校的成绩比他好，也许你比他聪明、综合能力也比他强。

为什么他取得了如今的成就，而你却一筹莫展呢？把这个问题作为自己冥想的一部分内容。

人们常说，相互攀比有害无益，但为了找到答案，请坦诚对待这个问题。当然，与对手相比，你也许更加受人敬重，而且具有更大的成功潜力。然而，你不得不承认他在一个方面超越了你：即专一。自始至终，他从未失去目标。由于他没有将精力分散在无用的枝节问题上，因此他所做的每一件事，都是为了他的终极目标。而你却总是允许自己分散精力。

当然，你也许会为自己的失败找到冠冕堂皇的理由，但实际情况依然是你的成功落后于对手的成功，不是吗？

不要找任何借口

拿自己与较为成功的同龄人相比较时，不要错误地安慰自己说那是因为他更加以自我为中心。

告诉自己说自己较为无私、较为豁达，也许可以暂时抚慰你的自尊——你不想踩着别人的肩膀往上爬。也许你会自我感觉良好地说他依赖的是裙带关系，而你绝不屑于做这种事情。但是，根据最终的分析，难道这不是说与你相比，他具有更强大的动力，他对成功拥有更加深切的渴望吗？

每个有所成就的人并不一定都自私或是苛刻。如前所述，像安德鲁·卡内基这样伟大的实干家，就无私地捐献了大量金钱。洛克菲勒与福特也同样如此。像海军指挥官皮尔里与"石墙"杰克逊这样的人，也从未依靠过任何人。

将自己的失败归因于性格高尚，这种行为不过是在找借口而已。诚然，我们在很多方面具有优势——但在专注方面，我们无疑处于劣势。大师们称之为专一，而失败者则称之为顽固不化。

对人类内心具有深刻洞悉力的远东大师们，可以清楚地看到，人们的失败基本上都源自于自身的弱点。从他们自身刻苦学习瑜伽的经验中，他们了解到人们非常容易偏离自己的目标。认真思考帕坦伽利的这句话："有些本来可以成功的人却都浅尝辄止了，有些人极其渴望成功，但其中只有很小一部分能够完全专一。"你是想要随波逐流，还是想要跟着少数人有目的地走向成功？

没有付出就没有收获

分析完你的朋友取得成功的基本原因以后，是时候将你的眼光转向其他更为功勋卓越的人身上了。

回顾历史。你生活在地球上最为神奇的土地上，在这里，人们有史以来第一次真正得到了自由，享受到了进步文明所带来的安逸与便利。但从前的情况却并非一向如此，简短回顾一下美国先驱们所经历的巨大风险。

那些信心坚定的人历经艰险与战争，一英里一英里地打下了如今的天下。他们夷平了森林，耕耘了土地，他们付出了无休无止的劳动，但也得到了等量的回报。一定要清晰地认识到：没有牺牲就没有回报。

学习高尚之人

你可以追溯历史，回想那些可以称为专一生活模范的伟人。莎士比亚曾经说过："就我自己而言，我很乐意学习高尚之人。"你可以从他们那里获得巨大的启发，进而强化自己的逆向凝念。

专一的哥伦布

任何艰难、指责与窘境都无法击败专一的克里斯多佛·哥伦布，没有什么可以动摇他坚信向西航行即可发现通往印度群岛新航线的坚定信念。然而，他却经历了无数的艰险与指责。欧洲统治者一个接一个地鄙视了哥伦布的伟大计划。首先是葡萄牙国王约翰，然后是西班牙统治者斐迪南与伊莎贝拉，他们全力投入了与摩尔人的战役，而不愿给这位意大利梦想家借贷财物。

可以想象到普通人受到这些冷遇之后会如何伤心欲绝，但哥伦布在这些打击面前却仍然坚持不懈。当西班牙宫廷传召哥伦布的时候，他已经在拜访法国国王的旅途中了。最终，在他第一次苦心劝说西班牙统治者提供必要财政支援的 10 年以后，他的计划似乎马上就要实现了。

但却并未实现。和你一样，哥伦布志向高远，他所渴望的回报也很高。他希望能够分享在海外新大陆上发现的矿物，他希望自己被赐封为"大洋统领"。西班牙人再次拒绝了他。

哥伦布打理行装，准备再次前往法国。此时，有一位参赞非常信服哥伦布，他认为哥伦布必定能够成功抵达印度群岛，因此打算为哥伦布的航程出资。他召见了哥伦布，这次哥伦布的出航被获准了。

有一句老话说万事开头难。可对于哥伦布而言，不光开头难，以后的每一步都更加艰难。与哥伦布的命运相比，你应该算是非常幸运了。哥伦布有了航船以后，却找不到一位船员。西班牙的水手对于未知水域非常恐惧。即便将腐臭牢房中的因犯无罪释放，并向其支付丰厚的报酬，他们也不愿意与哥伦布同行去感受西方海洋的恐怖，而是宁愿戴着手铐脚镣。付出了巨大的努力之后，哥伦布最终凑齐了 3 艘船的船员。1492 年 8 月 3 日，这个小型舰队起航了。

离开港口 3 天以后，不幸就降临到这些英勇海员的身上。一艘航船的船舵出了问题。但这并不能打击哥伦布的必胜的信心。他用思想之眼看到了地平线上的新大陆，他不允许任何事故阻碍自己抵达新大陆。修好船舵以后，出现了更多的麻烦。航船罗盘的指针开始不规则地转动。人们忧心忡忡，想要返航。但哥伦布却因势利导，他想办法平息了人们的恐惧，并说服他们一切正常。

离开西班牙 6 周以后，水手们看到了奇特的景观。就在航船前方不远处，一颗流星从天而降，"嗖"一声落入了大海之中。对于当时的那帮迷信分子而言，流星是遭遇灾难的前兆。水手们坚信自己已经靠近了地球的边缘，而流星的出现就是在警告他们返航。哥伦布感到水手们的想法并不正确，但他自己也不能完全肯定。有史以来还没有航船向西航行这么远，几乎所有人都陷入了未知的恐惧之中。但哥伦布的好奇心却超越了他的恐惧，这个小型舰队继续前行。

此后不到一周，他们看到了一些鸟儿。对于当时的水手而言，这种情况表明距离陆地已经不远了。他们振作精神，始终凝视着地平线，希望第一个看到海岸。

就这样，他们继续航行了几周时间。直到 10 月 12 日，哥伦布在黑暗中凝视远方，看到了远处的灯光。第二天一早，航船真的靠岸了。这次航行花费了不少时日——但却发现了一个完整的新大陆，进而为西班牙带来了不可思议的巨大转变，使它变成了当时世界上最为富裕的国度，同时也使已知世界的范围扩大了一倍。为了感谢哥伦布的伟大发现，直至今日，他的直系后裔仍在西班牙享有"大洋统领"的封号。所有这一切只是因为一个人能够如此的专一，从不偏离自己的目标！

消极与积极相结合

为此，你应该沉思一下伟人的生活与成就。你应该搜寻自己的内心，找出不能专一，最终被引入歧途的真正原因。用有关成功价值与努力工作的坚定思想，对抗每一次分心或困扰，这样必然会带来巨大的回报。将每一个消极思想与一个积极思想结合起来，这样，你思想之中的两个层面——即意识层面与潜意识层面，才能密不可分地联系在一起。

消极思想"我太累了，没法工作"应绑定积极思想"无聊或心理矛盾时常会引发头痛，而工作可以驱除无聊感"。

消极思想"我没时间工作"应绑定积极思想"最繁忙的人可以获得最大的成就。通过合理安排，可以找出时间完成所有重要的工作"。

消极思想"我做不到"应绑定积极思想"如果我的愿望足够强烈，我一定可以做到"。

消极思想"我太虚弱了，没法工作"应绑定积极思想"我的思想就如同我所想的那般健康。很多疾病都是想象出来的，想到剧痛就会剧痛，想到不痛就会不痛。与无法做到专一的常人相比，专一的病人、盲人或残疾人能够取得更大的成就"。

你将积极思想与消极思想联系得越紧密，就越容易摆脱有害观念，进而去做自己想要去做的事情。不久之后，用积极思想取代消极思想将会成为习惯，就如同在十字路口看到红灯会踩刹车一般。一旦你在自己的思想之中发现了消极思想，应立刻以积极思想取代消极思想。

要经常练习逆向凝念。它可以强化你对抗对立面的能力，不论是内在的还是外在的。它可以保护你对抗生命中的所有不幸。约翰·米尔顿，这位在世界文学界享有盛誉的全盲人士曾经说过："思想能够给自己定位，思想本身可以构建地狱中的天堂，也可以构建天堂中的地狱。"

第七章

第三个秘密

我们的思想是有限的，但即便是在这种有限的状态中，我们仍然被无限的可能性包围着，而人类的生活目标就是尽可能地捕捉无限的可能性。

——阿尔弗雷德·诺思·怀特海德

有的时候，事情会出错，

当你所走的路看似都是上坡路的时候，

当资金不足，债台高筑的时候，

你想要微笑，但却发出了叹息，

当烦恼向你施加压力的时候，

如果有必要，可以休整——但不要退出。

生命奇特，百转千回，

正如我们每一个人所知，

很多失败一再出现，

如果能够坚持不懈，原本可以成功；

尽管步履蹒跚，但千万不要放弃——

也许另一股助力将会使你获得成功。

通常，目标比虚弱蹒跚之人所想的还要近，

通常，拼搏之人会在本可以获得胜利奖杯的时候决定放弃。

可他知道得太晚了，当夜幕降临时，

他与金冠是如此接近。

成功是失败的反转——

疑云被镶上银边——

你不知道自己是如此接近，

看似非常遥远，实则近在咫尺；

当你受到沉重打击的时候，你应该坚持战斗——

即使在情况最为糟糕的时候，你也不应退出。

误解现实的表象

有时，我们每个人都会误解现实的表象。如果某人朝我们微笑，我们会以为此人喜欢我们。如果某个熟人眉头深锁，与我们擦肩而过，我们会认为他对我们充满敌意。然而，第一个人也许只是在伪装友好，而第二个人的严峻表情也许是由于他本人遭遇了不幸。

正如我们会误解他人一样，我们也会误解自己。有些人拥有巨大的成功潜能，但却并未付诸实践。我们都是潜在的林肯、爱迪生、莎士比亚、亨利·福特，然而，我们却缺乏证明自身能力所需的信念，我们轻视了自身的一言一行。人们之所以会低估自己的力量，是因为人们把自己看作碌碌无为的庸才，人们害怕大展宏图，害怕向世界与自己展示我们内心深处渴望成为的能人。

也许，几年以前，有些目光短浅的哥哥或姐姐、父亲或老师曾经告诉我们，我们不会取得太大的成功。由于受到了他们的影响，我们误解了现实的无心之语。也有可能是因为我们在一些小事上遭遇了挫折，因此认为失败将是自己从此以后的命运归宿。人们所说的话以及我们自己所遭遇的不幸，以这样或那样的方式，使我们低估了自己的能力。在这种情况下，我们为自己构建了失败的影像，并把自己与这种影像联系了起来。我们被虚假的表象蒙骗了，完全忽视了自己的强大与能力。

你意识到自己的力量了吗？

有一位古代的远东大师曾经说过："通过集中精神，人们可以认识自己。通常而言，人们会在自己构建的扭曲的生活影像中迷失自己，因为人们会以此来界定自己。"

注意这位圣人强调了认识，他告诉我们认识自己的人能够发现自我，对自我缺乏认识的人在本质上是一个迷失的灵魂。

你能理直气壮地说你对自己以及自己的能力具有清晰的认识吗？你是否把自己看作理应成为的既重要而又具有天赋的人？还是受到了

扭曲的生命影像的蒙骗，将自己看作是天生的下等人、失败者、没有前途的人？

如果你把自己归为第二类人，那么将会有无数的绊脚石挡在你的成功之路上。你的道路将会荆棘密布，除非移除障碍物，否则根本无法通行。

在你移除绊脚石之前，你必须学会面对真实的自我。你必须回顾生命的影像，而且要承认那不过是虚假的表象。

说起来容易，做起来难。很多人都在不断地回避现实，就好像现实极其可憎一般。早已铭刻在德尔斐神庙上的字迹——"了解自我"——是世界上最应铭记于心的体会之一。

你的敌人——错误的想法

你的生活构想，或通俗点讲，你思想之中的想法，如果被扭曲或混淆，那么它们可能是你最大的敌人。只有知晓它们的真实面貌以后，才能够战胜它们。一旦你认清它们的真实本性，将会更有利于你击溃有害思想，并用其他建设性的充满力量的思想取代有害思想。

现在，是时候尝试一下自我诊断了。正如医生给你做过体检以后，才能界定你的健康状态一般。在此有一系列问题，这些问题将会帮助你界定：你对自己及世界的思想构想是正确、有益，还是错误、有害的。下面有 10 个问题，请根据自己的实际情况回答是或不是。

1. 打个比方，你是否认为："自己是老狗学不会新把戏？"
2. 你经常感到无聊或倦怠吗？

3. 在你看来，未来将会一成不变地重复现在，生活相当枯燥吗?

4. 你是否会经常担心自己无法胜任新项目，进而对开展新项目犹豫不决呢?

5. 与穿着比你好的人交往，或是与比你有钱的人交往，是否会令你感到压抑呢?

6. 你是否总会有这种感觉：生命中的转折全都不利于自己?

7. 你是否坚信政治、人类行为、道德水平都与 10 年或 20 年前的水平相当?

8. 你是否时常发现自己在妒忌他人?

9. 你是否有自卑感?

10. 当你与老板或生活条件比你好的人相处时，是否经常会口吃或胆怯?

如果你对上述问题的回答，有 7 个或 7 个以上为"是"，那么毫无疑问，你对自己具有曲解的认识，进而导致自己无法完成原本有能力完成的众多伟业。幸运的是，如果你的思想开阔，那么可以修补这一缺陷。另一方面，如果你的答案全部或大部分都为"否"，那么你的情况会好很多。不过，任何人的情况都不会是好得不能再好了。

受曲解支配

其实我们所有人，除了那些已学会专一的人以外，都受到曲解支配，在我们的思想之中都存在着缺陷概念。除非我们始终处于戒备状态，否则我们很容易陷入远东大师们所谓的摩耶或幻境。我们会陷入自己构想的扭曲的世界影像之中，我们会迷失在其中、彷徨无助，就如同身处镜屋之中一般。

你是否曾走进过一个巨大而奢华的场所——比如沃尔多夫酒店或是其他一些高级酒店——随后迅速涌现出自己微不足道的感觉？你看到巨大的墙体连接着头顶上数米高的豪华的天花板，你走在厚厚的地毯上，被行色匆匆、衣着华丽的人们推挤着。此时，除非你处于戒备状态，否则该建筑物的宏伟以及这些衣着光鲜的人将会凌驾于你之上，使你自惭形秽，没有安全感。

在这种情况下，你会形成扭曲的构想，这种构想会压抑你，使你的本性迷失其中。

你是否曾走进过雇主的办公室，请求帮忙或是请求加薪？你的老板坐在巨大的红木桌旁，比起你的小桌子，这张红木桌不知要豪华多少倍，昂贵的电话机与银质的打火机摆在红木桌上。在他面前摆放着一摞单据与信函，他抬起头望着你，而你却在思量自己是否有权打扰他。挂在墙上的该机构的几位前任总裁的照片，正在皱着眉头俯视着你，与他们如此接近，令你产生了深切的自卑感。

所有这一切再次使你的思想产生了扭曲的构想。该构想并非真实，而是一种让你迷失自我的表象。

真实的影像

真实的影像是一种截然不同的影像。除非你能够领悟东方大师的教诲，否则你根本看不到真实的影像。大师说，通过凝念，可以实现自知。逆向凝念可以战胜陌生人以及陌生环境强加于你的幻境。

逆向凝念的焦点是什么？首先，你要坚信自己是依照造物主的形象创造的。你的生命向前追溯无数世代，将会是一切生命的本源。你是造物主的儿女，你是宇宙的主人。华丽的房子与封邑来去匆匆，但造物主却会万古长存，他把爱无私地奉献给自己的儿女们，只要人们愿意，就可以感受到他的爱。我们包裹在他的王者羽翼之中，为什么要觉得自己不如他人呢？

其次，就自然层面而言，你应认识到人类是至高无上的生物。科学家们估计地球已经有超过 20 亿年的历史了。如今，从微生物到类人猿，地球上共有大约 100 万种不同的生物存在。从前，还有数百万种其他生物存在，但其中只有一小部分存活了下来。你是否彻底认识到自己是行走在地球表面的最聪明、最能干的物种：人类或"智人"？生命已经进化了数十亿年，而进化出的最具创造力、最完美的生物就是——你！

以上天之名，以科学之名，你的确是世界的主宰者。

在凝念的过程中，再次回顾一下沃尔多夫酒店或是其他令你感到敬畏的场所。那些墙体不过是一些塑料、石头、木材、金属，是由你这样的人类组装起来的！那些奢华的挂毯与地毯不过是一些简单的动物或植物纤维，是由你这样的人类赋予了它们形状、纹理与色彩！你拥有生命，而墙体与地毯却没有——你为什么要敬畏它们？

穿梭于这些场所之中的衣着光鲜华丽的人——他们不过是和你一样的人类！也许他们目前所赚的金钱与名誉超过了你，但他们的血肉、骨骼并不比你的优质，他们的身体功能与你相同，都有同样的渴望与弱点。如果他们不注重自己的健康，他们也许没有你活得长久。

根据造物主的看法，根据自然法则，他们死亡的概率和你相当。

当你走进雇主的办公室时，当你拜访重要的赞助商时，你的内心应持有这种思想。装修奢华的办公室不过是一个没有生命的建筑！具有生命力的你要比它们高级得多。至于你请求帮助的这个人，他无疑是一位重要的人物，但是，如果没有你以及像你这样的人帮助他，他又怎能成为如此重要的人物呢？他如果毕生都要努力从自然中获取食物与衣服，至多只能维持着最低的生活水平。他比你崇高吗？他的构成材质优于你吗？不是的，你们都是人类，你们的构成材质相同。如果你的努力能够使他的生活更加轻松，那么他会知道你对他具有重要价值，他会认真考虑你提出的要求。

认识练习

练习去认识自己的力量。不要让他人或事物的表象埋没了你的个性。房间就是房间，无论是宫殿中的华丽房间，还是巨型企业的高级办公室；人就是人，无论他暂时被赋予了何种头衔，国王、主席还是董事长。而你呢？与他一样，也是"咒语制成的血肉之躯"。你体内充满了力量，你要做的就是自信地把力量发挥出来。

要认识到自己的伟大，不久之后，你将会体现出切实的伟大。把忧虑从思想之中清除出去，你将会充满自信。你能够也必须学会自立、进取，去做灵魂指引你去做的事情。如果你相信自己的能力，那么你将会发现自己体内的新潜能。如果你信念坚定，那么你就会如同摩西一般，让大海分离，让岩石出水，而它们也会服从你的指令。

相信你自己

深深地沉浸在远东大师智慧之中的圣贤——拉尔夫·瓦尔多·爱默生曾经说过："上帝不会让懦夫去展现他的工作……相信你自己：每颗心都在与钢绳一同振动。"在《圣经》中，你会读道："上帝的国度就在你的体内。"上帝希望你能够无畏无惧，希望你能够尽享世间的美好。耶稣曾说过："我来了，他们会拥有生命，而且会拥有更加富足的生命。"上帝不愿意看到作为上帝之子的你，悲惨地生活在不自信与贫困之中。

相信你自己的无尽才能，
就如同你相信上帝一般。
你的灵魂是从整体中散发出来的。

你梦想不到自己体内拥有何种力量，
就如同浩瀚的大海一般巨大而深不可测。
你沉默的思想在钻石洞穴之上流转，
去找到它们，
但要让导航的意志控制顺风的激情。

没有人能够限制你的力量，
如果你相信，相信你自己，
那么你将会获得前所未有的成就。
最终，将会有人登上前所未有的高度——

为什么不能是你自己呢？继续前行！成功！成功！

内在转化为外在

当你心存疑虑或不确定性时，应该回想一下大师的定律：内在总会转化为外在。

生命充满了潜能。它是一张宽大的空白荧幕，时刻准备投映出你的思想。如果你把自己看作是无所作为的小人物，看作是环境的玩物，那么你将会碌碌无为。如果你意识到了自己的力量，认为万物平等，并将自己看作是缔造者或创造者，那么你的生活将会如同你所想象的那样。

你将会成为自己所想的那样

世界并不是一成不变的。它时刻都处在变化之中。地球表面——正如你在镜子中看到的自己的容貌一般——明显表现出了流转、变化的迹象。

每年，地球都会更新自己，都会有所不同。每年，你的身体都会更新自己，今年的你与去年的你并不完全相同。原子能委员会同位素分离负责人保罗·C.亚伯索尔德博士说过："追踪研究表明我们体内的原子运转速度十分迅速……一年以内，人体内大约98%的原子会被我们从空气、食物、饮品之中汲取的其他原子替换。"

思想变化不像身体变化这般活跃。除非我们刻意去改变思想，否则思想基本不会有什么变化。你是学不会"新把戏"的老狗吗？如果你是这样想的，那么实际情况也将会如此。然而，如果你能够摆脱自己构建的扭曲的世界影像，如果你能够让自己充满创造力，急于求知、渴望成功——那么，你将学会震惊世界的新把戏。

未来会一成不变地重复现状吗？不，不可能如此，也不会如此。乍一看，历史似乎在不断循环，如今是过去的忠实再现。如果真是如此，那么你作为父亲的儿子，应该跟父亲完全一样，不会超越父亲。但实际情况却是你的相貌与能力都与你父亲不同。如果你认为自己跟父亲一样，那么你就会跟父亲一样；如果你认为自己能够超越父亲，而且努力使自己超越父亲，那么什么也无法阻止你超越父亲。个人情况如此，国家情况也同样如此。

点亮你的蜡烛

你是否妒忌他人，只因他人比你拥有更多的世间美好？如果是这样，那你就是扭曲构想的牺牲品——你将贫困思想投射到了生命的荧幕上。大师们曾经说过："点亮蜡烛要好于诅咒黑暗。"如果你能够把妒忌他人的能量，用在如何改善现状这种建设性思想上，那么你的情况迟早会超越那些令你妒火中烧的人。

美丽的秘密

你是否在公司中郁郁寡欢，只因你认为自己相貌丑陋？上天所造之物没有一样是丑陋的，除非他们自己如此看待自己。祥和、自信的思想可以散发出魅力与美丽，进而美化外在容貌。如果你持有美丽且友善的思想，并且能够大声地向他人表达出来，那么人们将会发现你比剧院中的英雄人物更加具有吸引力。但如果你持有混乱且扭曲的思想，并且坚守丑陋思想与卑微思想，那么在世人眼中，你将会变得丑陋卑微。

我们之所以热爱他人，并不是因为他人长得漂亮，而是因为他人持有热爱我们的思想。

敞开思想，敞开心灵。让一切美好、友善、建设性的观点进入，排除一切忧虑、卑微、虚弱、憎恨、疾病、丑陋的观点。后者是扭曲思想，它们将会扭曲你、颠覆你。

消极思想扼杀一切，而积极思想却能够赋予生命以力量与幸福，直到永远。

第八章

第四个秘密

> 我开始意识到世间的允诺绝大部分都是无用的幻影，只有坚信自己，使自己成为有用、有价值的人，才是最好、最安全的保障。
>
> ——米开朗琪罗

全球有数百万人都对马丁·路德这个名字敬爱有加。在世界宗教史上，这是一个伟大的名字。这个名字几乎和新教徒同义。

然而，马丁·路德本人却并不是一位有魅力的人物，或是有才华的人物。他是农夫出身，偶尔会说粗俗的语言，当他与上级待在一起时，总会感到羞怯、拘谨。他的众多著作都乏味无聊。

当欧洲人初次听说路德的时候，他还是奥古斯丁教的信徒，他是威登堡大学的一位教授，威登堡大学是德国的一所不知名大学。路德的出名几乎是偶然的。尽管他的布道打破了天主的传统，但这完全偏离了他的最初意图，他最初只想让忠诚的信徒关注在牧师当中盛行的某些恶行。

在毫不粉饰的历史强光的照射下，路德只是一位平凡之人。

而且，当时还涌现出了很多其他的宗教改革家，比如才华横溢的韦克立夫、伊拉斯穆与胡斯。为什么是路德成功地转变了大众的信仰，而其他几位能人却只取得了有限的些许成就呢？

路德在三十五六岁的时候开始享誉盛名，当时他把自己的著名论点钉在了威登堡教堂的门上。在这些论点中，路德批判了天主教堂出售豁免权的行为。豁免权是官方颁布的原谅罪行的文件。路德谴责了这类交易，因为他认为如果人们可以获得救赎，那么救赎无疑应来自于上帝的宽恕。他坚信能够买到救赎的是信仰而非金钱。

在当时提出这种主张，就等同于签署了自己的死刑执行令。路德被指控为异教徒，这在当时那个极端宗教狂热的年代，是一种极为严重的指控。当时的统治者查尔斯五世，召见路德参加沃姆斯城市议会。

路德的朋友让他不要去。他们肯定路德会被判有罪，然后会被处决。他们让他"逃跑"。

但路德却不知道为何要恐惧，因为他坚信自己的观点是正确的，坚信自己必将胜利。他说道："不，我要去，哪怕我将会遇到比屋顶瓦片多3倍的恶魔。"有人警告他说有位乔治公爵尤其希望他垮台，路德回答道："我要去，哪怕天上连续下9天的乔治公爵雨，我也不怕。"

靠自我信念支撑

凭借自我信念的支撑，路德展开了前往沃姆斯的命运之旅。他来到沃姆斯市的古钟塔前，站在小货车上，唱起了《主上是我坚固保障》——这是他刚刚写好的一首歌。后来，这首歌成为宗教改革的战斗口号。

在议会上，国王查尔斯要求路德放弃异教徒思想。路德并没有因君王的暴怒而胆怯，他坚持自己的观点。路德的话语为我们提供了一条衡量人性的标准。他说道："我不能也不会撤销任何思想，因为违背自己的意志是危险而又可耻的行为。"他以坚定的语调大声说道："我站在这里，别无他想。"

议会给路德定了罪。他被指控为异教徒，并被判处了死刑。幸运的是，直到路德回家之后，判决才会生效。在返回威登堡的路上，路德失踪了，很多人都以为路德被那些持反对意见的人谋杀了。而实际上，路德是被自己的仰慕者，聪明的弗雷德里克救走了。弗雷德里克是撒克逊的选民，他把路德带到了他的图林根城堡中，在那里路德不会受到仇敌的侵害。

路德的自信以及他具有说服力的陈述，为他争取了另一些强大的拥护者。不久之后，他创建的教堂就有了数百万的信徒。这就是自我信念的力量，而且这种信念还会影响到其他人的思想。正是在这种极度的自信中，我们发现了路德成功的秘诀。

你为什么必须相信自己

在这个世界上，有所成就的人——如宗教领袖、战士、发明家、工业家、营销主管、艺术家、作家、音乐家、科学家——并非全是天才人物。那些自我认识透彻的人，不会将自己视为平庸之人。也许他们缺乏才干，但他们具有一个共同的补足特点：具有坚定的信念，坚信自己能够成功。他们从不怀疑自己，而是抱着愿望必将实现的信念着手新的项目。

如果你能够像这些人一样，全心全意地相信自己的所作所为，那么你的潜意识思想就会释放出巨大的力量。当你自信满满的时候，没有什么是做不到的。信念为你灌注了动力，集中精神变得轻而易举。你会处在类似于忘形的状态之中——远东大师们曾经说过所有事物都会遵从升华到忘形状态的灵魂。

如果你质疑自己的能力，或是质疑自己所付出的努力，认为自己付出的努力不值得，那么你会发现你只是部分投入其中而已。在你的构想之中，绊脚石将会被放大，你的力量将会无法达到所需要求。因此要反其道而行之。要遵行成功的必备法则：就好像自己的举动不可能偏离目标一般。

如何驱除疑虑

在开始任何行动之前，要如同耶稣驱除恶魔一般，驱除你的疑虑。想象自己是一位实干家或是一位成功人士，将你的意愿投射在空白的生命荧幕上。专注于这种成功的思想。告诉自己一定能够完成眼前的任务，甚至能够做到更好。

大师们一直认为，无论你承担什么任务，自信的态度是最为重要的。如果没有自信的态度，那么出众的想法、广博的学识、巨额的资金都会无所作为，巨大的努力都会白费。

如果你拥有信心

如果你相信自己，那么其他人也会相信你，这虽然有点匪夷所思，但却是不争的事实。无论做任何事情，具有坚定信念的人会非常有影响力。如果一位销售人员无法令你相信他的产品优秀，那么你一定不会购买他的产品。如果一位讲师在讲课时，表现得好像连他自己都不相信自己所讲的内容，那么你一定不会听完这场讲座。如果一位医生认为自己不一定能够治愈你，那么你一定不会再去找他诊治疾病。然而，如果以上这些人的言行能够表现出坚定不移，那么他们所表现出的自信将会立刻激起你对他们的信任。

伟大的将军通常是那些自信己方必胜的人。难道你认为那些必须服从长官命令，冒着生命危险执行任务的士兵，能够在对自己的战略部署半信半疑的将领的领导之下打胜仗吗？在开战之前，司令员总是会带着必胜的口吻下达当日的命令。他深知这样做可以给部队灌注信心，使他们全力投入战斗。

当大选在即的时候，我们总能听到对立的政治党派头目宣称他们必胜。他们每个人都知道，如果自己表现出疑虑，那么选民将会群起推举其他党派的候选人。

著名的圣母玛利亚大学足球队教练克努特·罗克尼，虽然已经离开了我们，但却永远不会被人们遗忘。与肉体相比，人的精神会永存下去。在足球赛季开始的时候，一位采访者曾询问克努特：圣母玛利亚球队在那一年中能够赢取多少场比赛？克努特的回答非常精炼，但却令人难忘："我们打算每场都夺冠。"这就是冠军的精神。这种精神流淌在球队的血液之中，释放出了他们所拥有的连他们自己都不知道的能量，总是能够使他们在希望渺茫的时候获胜。你做任何事情的时候，也应该持有这种精神。

疑虑造成破坏，信心实现营造。如果你表现得自己的举动不可能偏离目标，那么你一定不会偏离目标。这就是世间的大师们营造各自生活的准则。

布克·T.华盛顿知晓这个秘密

一个人在生活中设定的目标越长远，他对自己的能力要求就越自信。与杰出的黑人教师兼改革家布克·T.华盛顿相比，几乎没有人需要克服如此之多的障碍，对于这位信念坚定的人而言，一切皆有可能。

华盛顿是奴隶出身，处在社会的最底层。虽然获得解放是件好事，但这却无法在本质上改善他的生活条件。内战之后，他在煮盐厂工作，赚取微薄的收入，随后又去了煤矿。他的早期教育是在夜间接受的，那时，他从事着家仆的工作。由于求知的渴望，他欢欣鼓舞地辗转搭车，来到了 800 千米以外的一所高中，在此，他靠门警的工作为生。最终，他实现了自己的目标——他取得了教师从业许可证。他从未怀疑过自己能够获得如此成就，如今他已走在了成功之路上！

随后几年，布克·T.华盛顿一直在教学——同时，他也在不断地学习，因为他并不是一个满足于现状的人。当他刚刚 20 出头的时候，他的学识与才干获得了人们的认可，他被任命为亚拉巴马塔斯基吉一所面向黑人的新教师学校的组织者兼校长。这所学校起初只是小教堂与小棚屋，不久之后便初具规模，享有盛誉了。在华盛顿满怀信心的引导下，这所学校很快就成为南方最好的学校之一。美国的一位总统骄傲地称华盛顿为朋友。哈佛大学与其他大学彼此竞争，要给这位为理想而奋斗的工作者、奴隶出身的享誉全球的崇高教育家颁发荣誉学位。

在其他数百万同胞仍然以出生时的卑微状态了却此生的情况下，布克．T．华盛顿如何取得了这样的成就呢？你能猜出在众人的生活沉浸于失败思想、贫困思想与自卑思想的情况下，华盛顿获得成功的秘密吗？让我们用他自己的话去揭开这个秘密，当他回顾自己多年的艰辛时，写道：

"我从未感到过沮丧，如今我回顾自己的生活，完全想不起自己曾经因为任何事情、任何目标而沮丧。着手去做每一件事情之前，我都会持有必定能够成功的思想，我对时刻准备好解释自己为何无法成功的大众没有什么耐心。"

失败思想会如何危害你

越是担心失败，失败就会来得越迅速、越必然。如果你担心自己不会成功，那么你会由于过度紧张，而无法以放松的方式将本能淋漓尽致地发挥出来。为了证明这一点，可以观察一下孩子学习接球时的情景。如果他早期没有得到适当的鼓励，那么他将会怀疑自己接球的能力。他会过度紧张，在球落到手中之前就会将双手合拢，不是接早了就是接晚了。由于对自己的能力缺乏自信，他甚至会对球产生恐惧感。当球靠近时，他会紧闭双眼，本来能够接到的球却飞了过去。

人们还可以列举出不自信带来的其他危害。美国领先心理学家约瑟夫·查斯特罗说道：

"跳跃鸿沟时，你的自信能够帮助你跳得更远。任何强烈的忧虑或犹豫都会传递到你的肌肉，使你落在两岸之间的泥潭之中。在这种情况下，应当思考帮助建立自信的事情，以便越过鸿沟。"

据说，信心可以移山。这并不是魔法，而是人类将自己的平凡能力发挥到极致所引发的结果。很多人之所以没有认识到自己的巨大力量，仅仅是因为他们缺乏自信，不敢尝试。

体内的叛徒

怀疑自己的能力与未来，这是你最大的敌人。对你个人而言，这就好比是国家中出现了内奸一般危险。除非你时刻警惕它们，英明果决地对付它们，否则它们将会摧毁你成功的意愿。

无视现实有害无益。无论做任何事情，疑虑——体内的叛徒——必定会出现，相信疑虑不会出现是非常严重的错误。这些敌人会试图伪装成朋友通过检测。它们会伪装成合理的批判方案，伪装成对想法价值的理性质疑。然而，一旦你仔细检查，那么你十有八九能够揭开伪装，觉察到你的老敌人：贫困思想、失败思想以及其他有害思想。可以通过逆向凝念来对抗这些幻想。不久之后，随着自信的增长，这些有害思想将会很难渗透到你的思想之中。

你的机会

其中一种尤为有害的忧虑并非是质疑自己的能力，而是质疑自己的机会。它是失败思想的兄弟，它将会逼真地表现出：与过去相比，如今出人头地的机会要少得多。它将会悄悄地向你传达一切命运都是天注定的思想，所有财富与荣耀的位子都已被他人占领了，你应该满足于拾取现有的残羹剩饭。

要知道，你的敌人是令人解除武装的谎言，你的朋友是令人欢欣鼓舞的真理。顶部还有很大的进步空间。对于渴望见到机会的人而言，机会仍然存在——要有自信抓住机会！

美国专利办公室每周基本上都会发布500或600项专利，至今为止，发布的专利总量已接近300万项。其中有数千项专利为专利所有者带来了巨额的财富。这些所有者都是当好想法浮现出来的时候，能够敏感地将其辨别出来的普通人。

其他领域的记录也同样如此。不论年景好坏，每10年都会建立起新的财富，都会有从前默默无闻的企业家获取到财富与声望。为什么就不是你呢？

构想加自信

对未来的自信可以激发建设性构想，而这种构想就是你的珍贵宝藏。利用一切手段测试种种构想——让自己坚信构想的有益价值，进而驱除所有疑虑——然后全心全意地推进构想。这些构想也许是一些微不足道的想法，比如提高工作效率或业务效能；也许是一些较大的构想，比如增加收益。一旦你设想出计划的价值，那么你将会发现说服他人与你一同执行计划并非难事。首先，最重要的是你自己必须相信自己的构想。

如果你希望积聚财富，那么你必须相信仍有财富可以积聚。通过逆向凝念，时常向自己复述这一点，同时还要告诉自己，时常注意实践建设性构想。

摒弃站不住脚的犬儒主义观点，人类的需求与利益发展空间永无止境。以旅行为例，人类曾经只用双脚行走，后来充满创造力的史前思想家们发现了更为简易的运输方式，比如驯马、造船、造车。这些巨大的进步只是人类创造力的初期表现。当人类进入机械化时代以后，其他思想家又发明了以蒸汽机与电动机驱动的火车，另外还制造出了汽车与飞机。发明思想使老式飞艇的改良版成为现实——喷气式飞机与直升机主宰着如今的天空，明天必定会出现更为神奇的新发明。

对于自信的有创造力的思想家而言，一切皆有可能。他们的构想层出不穷，等待着被人相信，得到发展。正如拉尔夫·沃尔多·爱默生所说：

> 如果城市中的交易无处不在，
> 就如同海岸边的贝壳一般，
> 如果如同广阔草原一般的城镇
> 遍布铁路，会怎么样呢？
> 人们不过是一个个钟形的水泡，
> 随着思想激起的水流飘荡，
> 人们会从梦想者那里，
> 汲取自身的形态与太阳的颜色。

一位母亲的构想赚了大钱

在哪里才能发现可以赚大钱的想法，这点无人知晓。也许此时此刻，在某处，赚钱的机会已经成熟了。凭借自己的机敏，你一定可以发现机会。睁大眼睛时刻寻找机会。丹·嘉宝夫妇就是这样做的，他们在无人关注的家务事中发现了赚大钱的机会。

如今，嘉宝已成为生产婴儿食品的著名品牌。近年来，嘉宝食品公司的年销售额已经超过了 7500 万美元。可是，在 1927 年，嘉宝婴儿食品只不过是丹·嘉宝夫妇的一个想法而已——他们坚信的想法。

他们怎样产生了这个想法呢？一天晚上，嘉宝先生从家庭罐头工厂下班回家，家庭罐头工厂当时被称为弗里蒙特罐头公司，以其生产的番茄酱著称。那天非常炎热，嘉宝夫人仍然在辛苦地劳动着，她在家庭医生的指导下，正在为自己的女婴准备特质的轻巧而又有营养的食物。嘉宝夫人问丈夫，为什么他们的罐头工厂只生产番茄酱，而不生产一些可供幼小婴儿食用的蔬菜罐头？或是水果罐头？嘉宝夫人根据自身的辛苦经历，预言这些罐头一定会受到母亲们的欢迎。

嘉宝夫人的建议打动了丹·嘉宝。接下来的几个星期，他在罐头工厂制作了一些蔬菜罐头并带回了家。嘉宝夫人对蔬菜罐头的口味与口感非常满意。女婴对新食品食欲大增，这表明她也认同母亲的想法。受到这样的鼓励之后，丹·嘉宝创建了嘉宝食品公司，开始生产并销售这种新产品。

销售情况很快表明，一位母亲与婴儿喜爱的食品，其他数千位母亲与婴儿也会喜欢。嘉宝先生开始推广产品目录。他在 1928 年起步时的广告预算费用为 4 万美元，到 1935 年时，迅速攀升至 12.5 万美元（当年的市场很不景气）。如今，嘉宝夫妇可以骄傲地说，他们每年的广告费用已超过 200 万美元——每 1 元广告费可以带来 40 多美元的销售额！嘉宝公司是婴儿食品业中的佼佼者，该公司大概有 70 种婴儿食品，世界各地均有销售。

这一切归功于嘉宝夫妇对自己的构想具有坚定的信念。

有想法的 3 位青年

也许你从未听说过惠特尼·米勒、罗伯特·W.吉布森与大卫·M.利利。诚然，他们在自己的领域之外并不怎么知名，但是，他们组建发展的机构——生产割草机的公牛制造公司，在过去几年中，已经突破了年销售额 1000 万美元的大关！这些聪明的年轻人在第二次世界大战结束时开始经商，当时他们都还不到 30 岁。为了开创事业，他们不得不去借钱——大部分资金。但他们并不会因此而困扰，因为他们坚信自己的梦想。

你一定还记得手动割草机的时代——这是不久之前的事情。后来，出现了电动割草机，但它们主要被应用于大型庄园或高尔夫球场。因此，以下想法自然而然地浮现出来：为何不生产一台家用电动割草机呢？该想法在目前看来，似乎已经很陈旧了，但是，在米勒先生、吉布森先生与利利先生那个时代，该想法却非常新颖。仔细的调研表明这种产品有其市场需求。

当这些年轻人生产第一台电动割草机时，进展并不顺利。工厂的工程技术并不十分娴熟，很多严重的技术问题还有待解决。不过，耐心与自信帮助他们找到了解决方法。新想法创造了新产品。公牛公司的所有者为他们的割草机开发了一个树叶覆盖机附件，这样既可以在夏季除草，也可以在秋季覆盖树叶。当这个实用的构想获得了应有的回报时，销售额飙升了数千个百分点。

如何强化信念

只要看一下这些人以及和他们一样的数千人的成就，即可使你对自己的未来充满信心。当你因为疑虑而困扰的时候，最好能够回想一下过去的成就，而且要认识到更大的成就正在前方等待着你。我们之前在讨论逆向凝念的时候已经涉及了这一点。很多权威人士，不论是古代人士还是现代人士，都推荐这种做法。

18 世纪英国著名的立法家兼作家杰克逊·伯克曾经问道："实例真的毫无用处吗"？"实例非常有用。实例是人类的学校，实例是最好的学习方式。"伯克最喜爱的格言是："记住——模仿——坚持。"

信念坚定的远东大师们，通过效仿古代的瑜伽修行者，学会了进一步强化自身的力量。他们努力仿效各自传统中的伟大导师，比如启蒙大师佛陀。通过进行这种练习，你也一定能够得到自信与能力。

模仿是人类的天性。人类所知的一切有价值的事情——甚至我们的生活目标——都是我们或有意或无意地，从我们尊敬的人那里学来的。首先，模仿父母；然后，模仿老师与朋友；最后，模仿我们自己钦佩的人。我们为自己挑选的榜样越杰出，我们的成就就会越伟大。

认真学习你的榜样的生活方式。如今，可供我们学习的各个领域的成功人士的传记、回忆录、日记与信函成百上千。通过阅读这类书籍，不仅可以使你在众多领域深受教育，更全面地了解人性，还可以使你获得正确的观点与看法，去面对人生的各种境遇。你可以学习榜样的说辞，甚至他们的内在思想，并学为己用。通过把自己钦佩的榜样集结起来，比如卡内基、林肯、罗斯福、皮尔里、爱迪生等等，你可以使他们永远站在你这边，指引你、警示你、激励你。只要看一眼这些书就会增加你的能量，点燃你的激情。

想象成功人士是另一种激励途径。如果你渴望成为工业领袖，那么可以在墙上张贴诸如费尔斯通、克莱斯勒、福特、洛克菲勒的照片。如果你希望成为发明家，那么可以张贴爱迪生、瓦特、麦考密克、马可尼或是莫尔斯的照片。如果你希望成为知名的作家，那么在工作之余，抬眼瞥见欧内斯特·海明威、威拉·卡瑟、布朗宁或是莎士比亚的深邃眼睛，必然会令你大为振奋。

选择志趣相投的朋友

为了建立自信，你应该结交那些能够激励你的朋友。也就是说，要远离那些喜欢指出你的缺点或是指出方案弱点的人。现实主义之人往往欢迎大家广开言论，提出建设性的批评意见，然而，如果某个人总是指责你或你的想法，那么疏远他才是明智之举。他之所以如此行事也许是因为在他看来，贬低你可以提升他自己。你可以找到很多忠实的朋友，他们会赞同你的方案，与他们共处将会使你的精神为之一振。

乔治·赫伯特写道："结交志趣相投的朋友，你也会融入其中。"要友好地对待与你目标一致的朋友，这点非常重要。如果你不认识这样的人，那么你可以在专业团体或是商业组织中结识这些人。目前有销售人员联盟、邮购人员联盟、印刷工联盟、艺术家联盟以及其他从事任何一种活动的联盟。

在与志趣相投的人共处时，人们可以学到新的主张。在与友人一唱一和的过程中，人们能够更真实地衡量自己的能力，能够激发更大的成功，而且还能培养自信。如果你找不到合适的组织，但却认识几个志趣相投的朋友，那么你也许可以组建自己的团队。

在需要的时候寻求鼓励

摘抄鼓舞人心的言语和诗篇并时常翻阅，直到铭记于心，这是另一种极其有效的培养自信的方法。当黑暗时刻来临，当你质疑自己的未来时，你将会发现这些语录能够给你注入新的勇气。

不论何种肤色、何种信仰的民族，都可以从启发性的著作中得到安宁与勇气。佛教徒通过向自己重复佛陀的感人告诫"提醒自己，检测自己，这样，才能在生活开心的时候，自我保护、自我留心！因为自己是自己的主宰者，自己是自己的庇护者"，来提醒自己掌控命运。基督教徒回想基督的话语："你们这些缺乏信心的人哪，野地的草，今天还在，明天就被丢到炉子里，即使是这样，神仍然给大地这样的装饰，更何况是你们呢？"以此来排解对未来的忧虑。在遇到麻烦的时候，人们总会向《圣经》寻求安慰。

我认识一位非常成功的人——他是一个大型打字机销售与维修服务机构的创办者兼所有者——他铭记了大量的诗篇与《圣经》段落。当他遇到困难的时候，他会回想恰当的言语，以便提醒自己"午夜时分总会出现微弱的曙光"。瞬间，他的黑暗思想就会烟消云散，同时恢复了自己的远见卓识，进而可以继续前进。

　　我还能回想起 20 多年前去拜访他时的情景，当时他只是一个努力奋斗的年轻技工。我注意到他在镜子的角落上贴了一些励志的诗篇。他对我说，每当他早晨梳头的时候，都会看到这些诗篇，阅读这些诗篇可以使他克服一整天的困难。他把自己最为钟爱的几首诗贴在了卧室的墙上。我从未见过如此欢快、如此友善、如此斗志高昂的人，我从不怀疑这些诗篇帮助他成就了自己。

　　过去每一个伟大的家族都有其励志性的箴言警句——如德国、法国、英国、西班牙的统治者以及他们各自的贵族阶层。在伊丽莎白时期，英国男性的代表者菲利普·西德尼爵士，为自己选了这样一句箴言："我将会找到出路或是创造出路。"一所大型的美国大学还有另一句精彩的格言："星路艰险。"所有人都知道美国海军的格言："永远忠诚。"海军陆战队队员从未有悖于这句格言，一点也没有，因为他们总能看到这句格言，这使他们想起了自己为自己设立的高标准。同样，你也可以设定自己渴望实现的标准，选择使自己梦想成真的道路，并配上合适的格言或诗篇，以便能够从中得到鼓舞，增强自信。

第九章

第五个秘密

对于生成万物的灵魂而言，
既没有伟大也没有渺小，
万物均源自于这个灵魂，
它无处不在。
我拥有地球，
拥有七星与太阳年，
拥有恺撒的手与柏拉图的脑，
拥有主基督的心与莎士比亚的笔触。

如果有一件事情需要让人去做，就让他充满活力地去做！散漫无心的朝圣者只会把热情的粉尘四处挥洒。

——释迦牟尼

有些人认为远东大师们并不关心行动。那些不了解大师的人们总

106

是将大师看作温和的思想者，认为他们只对冥想感兴趣，只会通过冥想去寻求生命中蕴藏的真理。

然而，这些只是其中的一个方面。很多印度圣贤与中国圣贤都是重视行动的人。他们并非生活在洞穴之中，而是生活于人群之中，他们通过自身的积极努力改变了国家的日常习俗与命运。

满腹学识的孔子，在政府之中扮演着积极的角色。先于耶稣500年出世的佛陀，就如同耶稣一般，将重点放在内在的精神修炼上，但他从未停止旅行与讲道，他试图改变人们以自我为中心的主张，试图提高人们的道德标准。而圣雄甘地呢？尽管他的生活中大部分时间是在禁食与祈祷中度过的，但他夜以继日地工作了50多年，写作、演讲、组织会议与团体活动，调动群众的情感，以便大家能够团结起来，对抗压迫者的意愿。这位虚弱、瘦小的瑜伽修行者，超越了其他任何个体，他解放了一个拥有4亿人口的民族，使其脱离了英国的统治。

如同所有其他远东大师一般，圣雄甘地是个虔诚之人。甘地与其他大师一样，知道得偿自己所愿的秘诀。其中的两条秘诀是：坚信自己，通过祈祷与逆向凝念强化专一的精神。知晓自己的目标，想象具体的目标，一步步地朝着目标前进，同时要表现得好像不会偏离目标一般——如果你希望实现成功的人生，那么你必须掌握这些秘诀。

此外，还有另一个秘诀。如果你不知道——如果你没有将其付诸实践——那么你只能发挥出体内的一小部分力量，取得一小部分成功。

成功法则

圣雄甘地对一本薄薄的著作百读不厌，从这本书中，我们可以获悉成功的秘诀。这是一本东方宗教书籍，书名是《博伽梵歌》或《天国之歌》。在这本古书中写道："没有行动，任何人都无法达成目标。"在书中的其他部分，我们还看到了一些值得注意的话语："那些在世间以行动追求成功的人，崇拜着光辉的成就。其实，在人类社会，成功是行动的结果。"

虽然远东大师们总是谈论精神力量，但他们也同样崇尚行动。在印度，帕坦伽利的名言警句启发了数百万人去追求真理，他说道："积极行动可以加速成功。"

无论在思想上还是行为上，成功的法则是：你投入的精力越多，你的成功就会越伟大。

精力，成功的要素

精力是成功的要素。行动——不停地行动是成功的主要秘诀之一。回想任何一位伟人或成功人士的职业生涯，你首先会惊讶于他们无穷无尽的精力。

他们知道时间宝贵——对他们而言，相比于天天月月无所事事，或是享受转瞬即逝的欢愉，花费在正途上的几分钟时间更为可贵。他们知道有价值的事情需要花费时间与精力。

来看看科学与工业领域的杰出人士，比如爱迪生，他曾说过："我所做的每一件有价值的事情，都并非偶然为之，我的每一项发明创造也都不是偶然产生的。"他并不是随意地做个实验就发明了电灯、留声机、电影以及其他众多发明，这些发明创造都历经了数年的辛勤工作与研究。通用汽车公司的查尔斯·凯特灵与他的团队，并不是通过做白日梦就开发出了高效的汽油发动机。他们夜以继日地工作了 30 多年之后，才成功地生产出了自己想要的机械。

梅奥兄弟之所以能够成为伟大的医生，并不仅仅是因为他们天赋的才能，也是因为他们对医药领域新发展的刻苦钻研。梅奥兄弟孜孜不倦地寻找其他医生，向他们虚心求教，学习他们的治病秘方。

获得伟大成功的人

来看看伟大的音乐家。他们都具有超凡的精力。海顿谱写了 106 首交响曲、200 首协奏曲、83 首小提琴四重奏曲、60 首奏鸣曲、15 首弥撒曲、14 部歌剧以及其他一些作品。你不应称他为游手好闲之人，不是吗？

乔治·弗雷德里克·亨德尔是一位恒定而又干练的工作者，即便在他因麻痹而变得有些残疾之后，他也依旧如此。他有一架珍爱的大键琴，由于不断地练习，大键琴的每一个琴键都被磨出了凹痕，就像汤匙的凹陷处一般。他在 23 天之内完成了《弥赛亚》，在 27 天之内完成了《埃及的以色列人》。一年之内，他谱写了《扫罗》、《以色列人》（Israel）、《德莱顿颂歌》、《阿哥斯的朱庇特》以及《12 大奏鸣曲》，所有这些都是一流的作品。

不过，莫扎特却更为干练、更为精力充沛。他在一个月之内就完成了《费加罗的婚礼》，谱写第二场表演的终场演奏只用了一天两夜的时间，其间他并未休息，而是一挥而就。当莫扎特的脑海中浮现出《唐璜》的整个主题之后，他只用了 6 周时间就完成了著作。直到敲定了这场歌剧第一场表演时间的前一夜，他才开始谱写序曲。他在午夜时分开始动笔，早晨就完成了。

《魔笛》同样也是以超凡的精力谱写而成的。莫扎特在歌剧院夜以继日地工作，几个月之内就完成了这部著作。与之前提及的两部著作一样，《魔笛》也是一部非常成功的音乐作品。

最好的创作了最多的

如同音乐家一般，伟大的作家也具有超凡的精力。正如罗伯特·索西所说："最好的艺术家创作了大部分作品。"威廉·莎士比亚不停地写作，他的著作无论质量还是数量都非常引人注目。马克·吐温的著作集包含 20 多本著作。奥诺雷·德·巴尔扎克的小说与戏剧，乔治·艾略特与查尔斯·狄更斯的作品也都同样如此丰富。

"真男人！"

以约翰·沃尔夫冈·冯·歌德为例，他是世界公认的最为杰出的德国作家。他写了成百上千首诗歌，其中很多朗朗上口的诗篇都被舒曼、舒伯特以及其他一些知名的作曲家谱了曲，为每一位德国人所传唱。后来，他开始写小说，在他的笔下诞生了一部又一部著作。歌德无尽的天赋还体现在科研上，歌德的想象力非常丰富。他预测出很多超时代的真理，那些真理当时无法得到验证，直到 100 年后的今天，才在现代实验室中得到了验证。他写的很多戏剧（其中以《浮士德》最为有名）都已被列入了世界文化遗产。

难怪当拿破仑旅经德国的时候，特意去埃尔福特拜访了歌德。两人会面之后，这位法国君主唯一能够想到的用于形容歌德的超凡精力的词汇是"真男人！"

什么是天赋？

也许你会说，以上所有这些确实振奋人心，但他们都不是普通人。我作为一个平凡的人，如何能够仅通过努力，就奢望获得他们那样的成就呢？毕竟，他们都是天才人物！

天赋有很多不同的含义。到底天赋对于天才人物本身而言，有何含义呢？各个不同领域的很多天才人物都为天赋下了定义。

著名的文学、历史、哲学天才杰克逊·卡莱尔认为："天赋是一种倾尽全力的无限能力。"

美国的开国者之一亚历山大·汉密尔顿，对于自身杰出的管理天赋与金融天赋评价道："我所拥有的一切天赋不过是劳动的产物。"

伟大的政治家、钢琴演奏家伊格纳斯·帕德雷夫斯基说道："我在成才之前只是一个苦工。"

文艺复兴的代表人物米开朗琪罗对于这个问题，也和其他人持有相同的看法。有些人十分钦佩米开朗琪罗取得的伟大成功，他说道："如果人们知道我为自己的成功付出了多少辛苦，那么这些成功也就没什么不可思议了。"

法国文学的不朽名士吉斯塔夫·福楼拜这样总结道："法国著名的自然主义者布丰将天赋定义为长久的耐心。"而福楼拜给那些渴望成为天才的人又添加了一个词的建议，即"工作"。

福楼拜知道自己在说些什么吗？是的，没有人比他了解得更透彻。

这位天才用墨水写下的每一个词，其实都是用汗水写下的。福楼拜约束自己年复一年地不断学习、写作、再写作。他对自己的要求非常高，有时经过一整天的努力，只能写出一段话。然而，由于他能够倾尽全力，他的著作几乎都是法国文学的代表作品。他的作品经久不衰，凡是法国人都乐意阅读他的作品。

爱默生的准则

究竟是什么使某些人超越了另一些人？东方大师的学生、敏锐思想的发源人——爱默生，帮助我们进一步看清了成功的本质。他说："一个人就像一块拉布拉多晶石，当你把它握在手中的时候看不到任何光彩，只有把它放在特定的角度，才会呈现出深沉而美丽的色彩。人类并不具备适用性或普遍适用性，每个人都有自己独特的天赋，要想成为成功人士，必须巧妙地让自己在恰当的时机、恰当的场所，经常处于恰当的角度。"

简而言之：为了赢得令人瞩目的成功，你必须至少在某一个方面超过他人——但你必须在恰当的时机、恰当的场所不断重复你的强项。

几乎每个人都有其独特的天赋。正如我们在选择目标那一章中所说，你生命之中的主要活动应该是去做你最想做的事情，去追求你为自己挑选的事业。唯一的问题是：你的独特天赋是否独特到足以使你赢得成功？如果不是，那么怎样才能做到？

任何人在成才之前，都要历经很多培养教化过程。这就是最为伟大的天才之一，威廉·莎士比亚的成才方式。

当莎士比亚刚刚执笔在手的时候，并不是世界知名的天才人物。诸如《哈姆雷特》与《暴风雨》这些作品都是他成熟时期的著作。在他有能力写出名著之前，他也曾写过大量平庸的诗词与戏剧。他最初只是改写一些古老的粗糙文学作品，因为剧院希望这些作品能够翻新。通过改写这些如今只有学者与剧评人才知晓的无聊的面目全非的戏剧，莎士比亚学到了写作技巧。他也曾当过演员（据说，他曾在《哈姆雷特》中出色地扮演过一个鬼魂），这种经历使他能够切实地体会到一部好戏的需求。他不知疲倦地坚持工作着，他工作的时间越长、越努力，他写出的剧作就越受欢迎。通过积极的行动，莎士比亚培养出了自己的特有天赋。

熟练的秘诀

与莎士比亚一样，你做得越多，就会做得越好。练习与实践造就了行家。熟练并不像温室之中的花朵，能够一夜之间就被催熟绽放。只有日复一日地不停努力，才能提高自己的能力，接近自己的目标。

三天打鱼、两天晒网并不能令你实现自己的抱负。如果你希望自己有所成就，那么你必须持之以恒地努力提升自己。成功有自己的方向——呈上坡方向，如果你放松努力，那么你将会向下滑落。

我们已经提到的著名的波兰钢琴演奏家帕德雷夫斯基曾经说过："如果我有 1 天没有练习，我将会发现演奏中的异样；如果我有 2 天没有练习，我的评论家将会发现异样；如果我有 3 天没有练习，我的观众将会发现异样。"

全力以赴

光有积极性是不够的，你必须全力以赴，将自己的潜力发挥得淋漓尽致。帕坦伽利曾在他的佛经中对胸怀大志者的成功有所评价："成功会随着本人采取态度的不同而不同，态度分为温和、中等、强势。"不要满足于只发挥体内的一部分力量。只有充分发挥出体内的力量才能表现出你对成功的渴望。

在你体内沉睡着巨大的成功力量——如前所述，它们都是成功的种子。它们等待着觉醒，等待着生根发芽。只有全力以赴，你才能发现自己的真正实力。

伍德罗·威尔逊曾经说道："毫无疑问，一个人只有将潜力充分发挥出来的时候，才会成为真正的自己，才会以自己的伟大成功使内心得到满足。只有在那个时候，他才会知道……自己内心的渴望。"今天，你正通过大量的努力，为明天更为伟大的成功准备着。每当你超越之前的自己时，你都会提升到更高级的创造、表现与自我实现。

你遗失的力量遗产

自然教会我们，与无所事事或懒散相比，积极向上是更为正常的状态。生命在于运动。

出生时，你的精力极其充沛。你会又踢又喊，直到精疲力竭。当你还是婴儿的时候，你会不停地探索周围环境，感觉、拨弄、把持、爬行。每一种新的体验都会激发你的新行为：你所听到或看到的每一件事情都会令你感到激动。你做的事情越多，你的理解力与能力就越能扩展。看似好像你的探索永无止境一般。

随后不幸降临了。当你度过童年时期以后，你会遗失这些神奇的与生俱来的巨大能量与兴趣。瑜伽修行者们所谓的"扭曲构想"开始占据你的思想。你开始相信自己注定会变得无聊、贫困、虚弱、平庸，努力却没有回报。你出生时巨大的精神力量开始枯萎、缩水，就如同干瘪的树枝一般。

　　而如今，当你意识到成功来源于积极性时——众多实例表明精力是天才人物的必备要素——你一定会消除自己的淡漠。你必须彻底撕毁虚伪、压抑的构想的面具，重新发掘自己体内长期沉睡的宇宙创造力量，激活它，让它为你服务。一旦提升自己的机会出现时，必须毫不迟疑地抓住它，因为时不我待。正如曾经有一位圣人说的那样："连上帝也无法重建过去的时光大厦。"

想法就是机会

　　想法也就是机会。想法不等人，这是不争的事实。当某些想法浮现在你的思想中时，就好像一道白光闪过。不要抑制自己的建设性思想，不要让想法流逝。当你产生想法的时候，应毫不迟疑地将其记录下来。只要有机会，回顾这些想法，仔细甄选一番。你会发现有很多想法都非常可行，可以针对它们采取一些行动。就如同丁铎尔曾经评论伟大的英国科学家法拉第一般："在他狂热的时候，他确定了解决方案；在他冷静的时候，他使解决方案更加完美。"

　　能够认识到想法的价值——除非抓住想法，否则想法会永远逃离——是众多伟人的一大特点。对歌德而言，也同样如此。人们总是这样评论歌德：当他们与歌德在一起谈论有趣的事情时，歌德会忽然间一脸茫然，然后致歉起身离开，走进另一个房间，因为他忽然产生了某个想法，他迫不及待地要把想法写在纸上。杰出的英国诗人亚历山大·蒲柏总是把纸笔放在床边，这样，在他躺着的时候，一旦有任

115

何想法浮现出来，都能够迅速将其记录下来。著名的音乐大师贝多芬总是随身携带一个笔记本，以便在他离家的时候，能够随时记录下浮现在脑海中的音乐创作主题。他的笔记本流传至今，在笔记本内，可以看到很多后经整理的伟大作品的原始构想。

当时最为成功的作家之一普里斯特利也随身携带着这样的笔记本。他告诉我们："我试图把突然浮现在脑海中的想法都记录下来……通常而言，如果是好的想法，那么根本无须翻阅笔记本去查找。好想法会留存在我的脑海之中，不断地提醒着我。但也有一些值得注意的例外情况。在大约15个国家获得过成功演出的戏剧《罪恶之家》（如今已拍成了电影），就是基于隐匿在笔记本中数年的想法编写而成的。"

为思想能量指引方向

想法是思想能量的产物。思想能量与身体能量一样真实，甚至比身体能量更为基础，因为它能够驱动你的行为。不要浪费思想能量，要利用思想能量充实自我。

也许你每天都要往返于工作场所。乘坐单程火车或公车大约需要20分钟或30分钟时间。在这段旅程中，环顾周围，可以看到有些人在阅读报纸、杂志或是平装小说，还有些人在睡觉、出神或是好奇地打量对面之人的面容与服饰。其实，所有人都在以这样或那样的方式消耗着思想能量——但大部分人都在浪费着这种本应对自己具有建设性作用的宝贵的生命能量。

当你坐在火车或汽车上的时候，当你有空闲的时候，应为思想能量指明方向。如果你是一位教师，那么你可以设计或研究更好、更新的学习方法，以便刺激学生取得更好的成绩。如果你是一位销售人员，那么你可以思考销售商品的系统性新方法，或是人们感兴趣的新销路。如果你是一位作家，那么你可以为自己的下一部小说构思情节。如果你明年要去国外出差，那么你可以打开笔记本，学习当地人的语言。如果你是一位制造商，那么你可以把闲暇时间用于思考新产品。

　　一年中，每天 2 个 20 分钟（上班和下班），加起来就是一个庞大的数字。把这些时间用于建设性的凝念，可以解决问题、掌握有用的知识、制订让自己更为高效的计划。用不了多久，这些努力就会转化为升职、加薪或是以其他方式增加收入。

　　在疲倦的时候，可以休整一下思绪，不过，通常情况下，想象并不会令你如此疲倦。通过脑力——如果你愿意，也可称为意志力——你可以消除疲倦感，让思想去专注地执行任务。不要让思想毫无目标地任意驰骋，而应让思想按照你的意愿发展。将思想专注于你所重视的一些问题或主题上。要善用思想能量。随身携带一本便笺，记录下在旅途中浮现出的任何想法。

思考，行动

　　当你头脑中浮现出一个建设性想法时，不要仅满足于记录想法，或是谈论想法，而应精力充沛地执行想法。很多想法都需要立即采取行动。行动起来，看看你的想法将会有何成就。

　　我所认识的一些非常成功的商业管理者都在遵行这一法则。当他们想到要做某事时，会立刻采取行动。如果他们想要把某个方案呈交给某人，他们不会提笔写信，等待几天之后的答复。他们会立刻拿起电话，接通要找的人，即便此人在大陆彼端也没有关系。他们以这种方式迅速开始行动，从而迅速收效。

点燃你的激情

成功人士的另一项重要特质是他们点燃激情的能力。如果事情进展顺利，他们不会满足于静观其变，直到出现问题才采取行动。恰恰相反，他们总是在寻找提升自己地位的方法与手段，他们永远不会自满。他们知道事情不会一成不变。情况总是在不停地变化着，如果我们不积极采取行动控制方向，那么情况可能会向不好的方面转变。大部分睿智的生意人都以这一原则引导着自己。

普莱斯通工业公司总裁刘易斯·E.菲利普斯说道："我们知道，除非我们不停地开发、营销新产品，否则我们就会过时，就会被淘汰，我们已下定决心不会让这种事情发生。"

仅在一年之后，菲利普斯先生就宣布，他们公司的销售额已接近5 000万美元。这位聪慧的管理者现在依旧认为，如果不推陈出新、不断努力，那么这一成功的业绩将会无法继续保持下去。

普莱斯通公司因其生产的优质高压锅而享誉美国。但它还有很多其他分支，涉及一些相关的领域。它还生产重压铝质炊具、电煎锅、电炸锅、蒸汽熨斗以及其他各种产品。同样，菲利普斯先生依旧认为普莱斯通公司要依赖新产品去开拓市场，与此同时，还要不断改良已经印在目录上的产品。

我还认识一位赞助商，他是所有熟识之人的妒忌对象。虽然他还不到40岁，但他已经在自己的领域中叱咤风云十多年了。他的财富已经翻了好几倍。他的所有成功都是他点燃激情能力的证明。

　　他曾经对我说："就我个人而言，我从未停止寻找新想法。我不断地把新想法灌注到商业贸易之中。其实，旧东西迟早会被淘汰。也许当前某种产品的销售情况非常火暴，但我注意到，不久之后，其订单量就会大减。有时，通过加强销售力度或是大打折扣，可以挽救这种局面。然而，我清楚地知道，由于竞争日益激烈，该产品永远也不可能像过去一样辉煌。现在是新想法涌现的时代，而且多多益善。你下注的赛马越多，获胜的概率也就越大。"

　　"在商业运营中，如果我们对自己出售的每一件产品有 100 个考量的话，那么其中 20 个将会是处于不同阶段的测试与改良。如果我们不想被淘汰出局，那么我们每年至少要推出 2 到 3 件新品。"

全面调动积极性

　　如果你想要领先一步，那么你不仅要保持精力充沛，还必须自觉主动，全面调动起自己的积极性。正如一句中国谚语所说"千里之行，始于足下"，要时刻准备好迈出那一步，而且还要步步紧跟。

上帝帮助那些自助之人

　　在一生的努力之中，只有自己的努力对自己最有帮助。有一些极其友善的人会告诉你不要担心未来，不过，你要铭记上帝只会帮助那些自助之人。祈祷可以有效地帮助你集中精神，全面调动起你的所有能量。在努力获取成功的同时，不要指望上帝做完所有事情，因为上帝同样也期待你能够有所表现。

第十章

第六个秘密

要知道肉体就像罐子一般脆弱，要让自己的思想像堡垒一般坚固，你必须以知识的力量对抗恶魔——魔罗，得胜以后必须关注着他，永远不要放松警惕。

——释迦牟尼

佛陀将恶魔称为摩罗。在帕坦伽利看来，恶魔就是摩罗或幻象。对于在沙漠中与恶魔斗争了40天的耶稣而言，恶魔就是魔鬼或诱惑。

是的，即便是像耶稣、帕坦伽利、佛陀这样的伟人也会遭遇诱惑。但他们信念坚定，自觉地进行了自我强化。

对于普通人而言，情况就大不相同了。恶魔时常来敲门。更为精确地讲，恶魔是我们固定的常客。

如果你时常听从诱惑——如果你信念不坚定，无法将上天赋予你的梦想变成现实——那么随着月月年年的流逝，梦想不会越来越近，反而会越来越远。梦想将会变得无聊空洞——你永远也无法踏足并住进梦想中遥远的"西班牙城堡。"

只有当你掌握了远东大师们传授的大部分成功法则——当你发现它们确实有用，并且首次品尝到成功的果实时——你才能放下负担，期待事情按照自己的意愿进展。

记住：直到现在为止，你一直在受环境的左右。你不要指望一夜之间改变自己，要变得专一需要花费时间与精力。需要通过不断的练习才能把成功法则变成自己的一部分。

只有当你把成功法则铭记在自己的潜意识思想之中，并持之以恒地贯彻执行时，你才能够期望享受到不断的成功。

你是真的坚持不懈吗？

也许你认为自己已经是坚定的楷模了，你能够选定自己的道路，然后坚定不移地勇往直前。然而，并非很多人都能做到对自己的需求坚持不懈。当一切顺利时，人们也许会毫不费力地勇往直前——但这并不是我们所谓的高标准的坚持不懈。只有当你在情况恶劣、狂风暴雨、风大浪急的情况下，依然能够坚持己见、勇往直前，这才是真正的坚持不懈。

就这个标准而言，你真的能够做到坚持不懈吗——还是自以为坚持不懈呢？一点点自我分析将会帮你揭晓答案。

看看以下问题。这些问题专用于界定你的PQ或称为意志力指数。以下共有 10 个问题，如果你想要确切了解自己的意志力，请如实回答是或不是。

1. 当你并不疲倦且知晓自己背负着需要完成的任务时，你会以听广播或看电视的方式消磨晚间时光或是其他闲暇的时光吗?

2. 你是否相信那些在生活中有所成就的人都采用了欺瞒、诈骗的手段，只有傻瓜才会努力工作?

3. 如果事情出了差错，你是否会倾向于指责他人呢?

4. 你每周是否会把一些钱存入银行账户，或是用于购买政府债券呢?

5. 当你执行某项任务，最初遭遇失败时，你是否总会放弃继续下去的希望?

6. 你是否非常在意批评或表扬，或者说你是否能够以良好的心态接受批评?

7. 你是否觉得老板对你的工作完全不认同，所以才不对你委以重任呢?

8. 你是否认为他人的能力比你强，无论你多么努力，通常都会以失败告终?

9. 当你执行某项任务时，如果稍加努力即可更为出色地完成任务，在这种情况下，你是否满足于以平庸的结果交差。

10. 他人是否经常说你懒惰或是懒散?

你的分数是多少?

对于以上 10 个问题，你回答的否定答案能够达到 7 个或 7 个以上，那么祝贺你——你的意志力指数很高。如果你的否定答案不足 5 个，那么说明你的 PQ 值相当低，你最好能够加紧提升这方面的能力。

无论你的分数是多少，仔细阅读本章内容并将其铭记于心，会令你受益匪浅。本章将会使你更加深入地了解坚持不懈的意义，告诉你如何把坚持不懈变成自己的第二天性。只有到那个时候，你才能够做到专一。

没有无刺的玫瑰

意大利人常说没有无刺的玫瑰。的确，并不存在一帆风顺的任务。在通往你为自己设定的重要目标的道路上，一定会遇到绊脚石——你事先想象不到的绊脚石。

有些情况时有发生，比如：你最初大为赞赏的某个想法，在执行的过程中，突然呈现出大量预料之外的困难。又或者是你的生意需要额外的资金，而你却不知道从哪里筹措。又或者是你在某个重要的项目中取得了一些进展，但此时有些赞助商提出要撤资。你会放弃吗？厌倦了思考与努力，因遇到大量问题而焦头烂额的你，想到放弃也是自然而然的事情。

远东大师说，关于这个问题，你可以把自己的情况与挖井人比较一下。当他开始挖井的时候，他并不知道自己究竟要挖多深才能发现水源，但至少，最初时他充满了激情，因为他清晰地构想了自己的目标。然而，在挖井的过程中，他遇到了一些巨石。对他而言，这些巨石非常巨大，移除巨石是非常繁重的任务。

和你一样，这位挖井人处在进退两难的境地之中。如果他此刻放弃，那么他将会省去移除巨石的工作，但就耗费方面而言，他遭受了损失——之前所有挖井的工作都白费了。他终究没有挖出水。

大师们的解决方案

对于远东大师而言，这种进退两难的问题并不难解决。在这种情况下，他们会遵循一条重要的指导原则。在他们之中，有一位非常睿智的先知曾经说过："令我们气馁的并不是障碍物本身，而是我们面对障碍物的思想愿景。"

换句话说：当我们因为眼前的困难而感到灰心时，令我们灰心的并不是困难本身，而是我们诠释困难的消极方式。

障碍物的真正含义是什么

只有在人们把考验与障碍物视做麻烦的情况下，它们才会是麻烦。远东大师对此却有另一种不同的看法。按照他们的教义——完全与基督教条相符合——困难是对我们的激励。困难是上天锻炼我们获得更伟大成功的方法。

大师们告诉我们，当上天让你对抗严苛的敌手时，他希望你能够成为征服者——但他只允许你通过努力与坚持取胜。随着你战胜一个又一个对手，你会向自己证明自己有资格获得越来越高的奖赏。如果你勇敢无畏，那么上天将会认可你的胜利。

由此可见，应对敌手、障碍、困难与苦难的方法是：不要畏缩不前，相反，要向对手表示欢迎。卷起袖子，表现出你比它们更加强悍。

尽管问题也许并不容易解决，但你要心神安定地想着，正如粗糙的钻石要经过打磨才会焕发光彩一般，人类只有经历考验才会更加完美。

从错误中学习

诗人通常都具备先知的眼光。英国最杰出的诗人之一约翰·济慈曾经说过："在某种意义上，失败是通往成功的大道，因为正是每一个谬误引导我们发现了谬误背后的真理，每一次新奇的经历都会指出我们今后应该小心避免的一些错误形态。"

要学会从困难与失败之中汲取智慧。如果你能够做到这一点，那么你所犯的每一个错误都会有利于最后的成功。这就是大师们的处事方法，实际上，这也是世间所有伟人或成功人士的处事方法。

这也是领导联邦军队赢得内战胜利的尤里西斯·辛普森·格兰特的处事方法。在他之前，曾有一些其他将领指挥战斗，可这些将领在供给与军力都比敌方强大的情况下，依然无法赢得战争的胜利。格兰特从前任将领的错误中汲取教训。当他犯错时，能够从所犯的错误中得出有益的启示。他具有不屈不挠的性格。

我们都很难成为目标坚定、矢志不移的尤里西斯·辛普森·格兰特。如果我们能够像他一样，从错误中学习，那么我们将会知晓什么有利于自己的目标，什么不利于自己的目标。通过认真观察所犯的错误，我们能够实现更大的成功。

不要放弃拼搏

从错误中学习的能力是成功的一大要素；当情况进展不顺利时，

不要轻言放弃是另一大要素。其实，在不具备相关特质的情况下，钢铁般的意志可以使人走向巅峰。

显而易见，如果坚定与毅力能够使一个平凡之人有如此成就，那么这些特质一定可以使友善之人走得更远。事实上，他能够拥有这些特质，并且遵行大师们的法则，那么他注定会有所成就。如果此人缺乏这些特质，如果此人的目标可以轻易动摇，那么即便天使也帮不了他。

成功决不会钟情于那些没有毅力的人，只有坚持不懈的人才能够获得成功的青睐。如果销售人员因为客户表示出对产品缺乏兴趣，就放弃向其推销产品；如果营销人员因为第一次广告没有收效，就放弃进一步改善广告提案；如果店主因为没有客户盈门，就关闭刚刚开张的新店——这些不能坚持不懈的人，永远也无法得到报偿。

能够在生命中有所成就的人，都是不达目的不罢休的人。当他们遇到挫折时，他们不会止步不前，反而会加倍努力。这样的人迟早会走向成功。世人都爱博爱之人，但更爱拼搏之人。

坚持不懈才能免受拒绝

古希腊哲学家戴奥真尼斯极为赏识这条原则。他知道如果能够为了某个有价值的目的而坚持不懈，那么可以使你免受最顽固的拒绝。这就是为什么有关他的这则故事能够跨越他与我们之间相隔的 2000 年的历史长河，从古希腊流传至今的原因所在。

在戴奥真尼斯还年轻的时候，一直有一个心愿深植在心底。他热爱知识，希望自己能够多学知识。当时有一位名为安提斯泰尼的杰出的哲学导师，戴奥真尼斯非常渴望能够在他开办的学校求学。安提斯泰尼曾是伟大的哲学家苏格拉底的学生，在他的学校中，他教授的是苏格拉底通过独立与自制获得美誉的方法，这种方法与远东大师们的理论非常相近。

安提斯泰尼远近驰名，人们纷纷前来乞求他收自己为弟子。他无法将这些人全部收为弟子，很多人都被拒绝了。当戴奥真尼斯前来乞求这位卓越的哲学家收自己为弟子时，也被拒绝了。

但是，戴奥真尼斯不甘心被拒绝。他追随着这位老者的脚步。无论安提斯泰尼走到哪，都能看到戴奥真尼斯恳求的面容。

最后，安提斯泰尼气得暴跳如雷。这是计谋吗——还是确实失去了理智——他高举拐杖，威胁戴奥真尼斯如果不让路，就揍他？

"揍我！"戴奥真尼斯回答道，"任何坚硬的棍棒都无法战胜我的恒心。"

安提斯泰尼并没有揍他，反而放下拐杖，拥抱了这位年轻的有为之士。戴奥真尼斯要在安提斯泰尼学校学习的决心，说服了安提斯泰尼，使他相信戴奥真尼斯是一位能够给老师增光添彩的学生。这位古希腊哲人的判断并没有错。

人们为何会失败

如果戴奥真尼斯因为第一次被拒绝，就萎靡不振，那么他永远都没有机会认识到决心的重要意义，但他没有放弃。如果你没有更加坚定的决心，至少也要表现出相同的决心，只有这样才能得到自己想要得到的东西。要知道幸运只垂青于那些坚持不懈的人，你必须意志坚定，直到梦想成真。

用莎士比亚的话来说："不要因为一次失败，就放弃你决心达成的目标。"无数实例表明，失败的原因只有一个：你成功的决心不够坚定。人们为自己设定的绝大部分目标都是可以实现的。人们之所以会失败，与其说是因为缺乏能力、才智或有利条件，不如说是因为没有坚持不懈。

"我们可以达成自己想做的一切事情"

"如果我们能够长期坚持不懈，那么我们可以达成自己想做的一切事情"。这句简单却深奥的话语出自不论在当代还是在其他任何时代，都堪称最为非凡的人物之口——她是哑巴，但却学会了讲话；她是盲人，但却学会了从他人的眼中看世界；她是聋子，但却学会了从他人的话语中学习。虽然又聋又哑又盲，但她却成为当代最为杰出的作家、最为卓越的人道主义者。与她不朽的生命相比，金字塔都会黯然失色。

当马克·吐温把她与拿破仑并列评为 19 世纪最坚强的人时，并没有夸大其词。

海伦·凯勒在 20 世纪时，变得更加知名了。这位不知疲倦的征服者，虽然看不见，却能够发现事物。她得到了世界上所有统治者的钦佩。数百万人阅读过她的著作《我的一生》与《中流》。她在各地的演讲使人们加深了对失明问题的了解，激励人们为了帮助盲人而建立新学校。她为所有盲人点燃了前景光明的新希望。

第十一章

第七个秘密

自然是向着人类的，自然会补偿人类的苦难，自然之所以让人类辛劳，是因为她会赋予最辛劳的人最大的报偿。

——孟德斯鸠

在世间成长，要想成功就必须付出代价。希望成为将军的人，必须先以中尉的官阶服役多年。与打扫甲板或在轮机舱做苦力的普通水手相比，船长必须更加辛劳、更加有责任心，才能够得到这个岗位。主管美国大型企业的人，或是为大型企业制定规章制度的人，并没有幼稚的青年，他们的脸上写满了沧桑，他们的决断智慧并不是1年或10年就能够养成的。

如果你想在世界上有所发展，不能指望天上掉馅饼儿。你必须做好付出代价的准备，如果有必要的话，还要付出昂贵的代价。如果你设定的目标是获取财富，那么你应该知道你将会为此付出多年的辛苦努力。当他人娱乐时，你要工作。当他人睡觉时，你不仅要在此时保持清醒——而且必须时时刻刻保持清醒，直到达到能力的极限。

如果在这个世界上，你最渴望得到强健的体魄与良好的健康状态，那么不要以为安逸伸展地躺在沙滩椅上，这一切就会唾手可得。太阳可以晒黑你，但却无法塑造你的肌肉、强化你的后背与肺部。你不仅要在思想中坚守健康思想——还要每天花费几个小时的时间进行锻炼，每天的运动量都要比前一天多一点。西奥多·罗斯福通过多年坚持不懈的运动，才使自己从体弱多病的青年转化为强壮有力的成年男子——他之所以能够做到这一点，是因为尽管他与其他所有人一样珍惜自己的闲暇时光，但他已经做好了付出代价的准备。

如果你一心渴望赢得社会成就或是公众敬仰，那么你不仅要坚持凝念——你还必须时常外出，融入人群之中。不要以为人们自然会登门拜访，只因你期望如此。当你交上朋友以后，必须全心全意地维系友谊。你必须完全融入相互迁就的友谊之中，真正的友谊时常需要你做出自我牺牲。

把努力加入思想愿景之中

把努力加入你所构建的任何一幅愿景目标之中。想象自己工作、面对困难、克服困难的影像。无论在任何情况下，都要保持乐观，但不要有愚蠢的乐观态度——中国古代思想家庄子把这种人形容为："见卵而求时夜，见弹而求鸮炙。"

要孵蛋，必须得学会正确的孵化方法，而且要一丝不苟地切实遵行才可以；要打鸟，必须要持之以恒地练习射击的技术才可以。不论想取得什么成就，都要做好付出代价的准备。

计算自己的成就

当你情绪低迷或是厌倦了为达目标而自我牺牲的时候，此时，你不能仅仅依靠逆向凝念，还要计算自己已取得的成就。就如同一个为了购买玩具的小孩，在长期努力存钱的过程中，时常会把零钱倒出储蓄罐，清点数额一般，同样，你也可以通过停下脚步，回顾自己的成就，来获取在艰难之路上继续前行的力量。

清点一下自己曾经付出的努力。让自己看到与半年前相比，自己又取得了一些进步——比如，你得到了提拔或晋升，而且未来还会有更好的职位等待你。又或者是虽然自己做出了巨大的牺牲，但却存下了很多钱，而且越来越接近自己梦想之中的财政保障水平。正因为劳动与毅力有这些神奇的特征——既是物质回报，也是精神回报，因此，只要看看这些回报，即可激励你继续努力前进。

第十二章

瑜伽姿势——打造健康体魄

任何简单、稳固的姿势都可被视做瑜伽姿势，这就是核心原则。

——数论派（古代印度哲学的一个派别——译者注）

到目前为止，我们一直在强调获取成功所需的思想方法。也许对于远东大师们而言，发展思想力量与精神练习才是人类的最高活动。与此同时，这并不意味着瑜伽修行者会轻视生命的肉体方面。瑜伽的目标只有一个，那就是趋向完美——肉体的完美与精神的完美。

在古罗马帝国，曾有一位睿智的诗人确立了让人类的肉体与思想都趋于完美的理想。当伟大的罗马还只是一个住满饲养员，以茅草屋聚集而成的小村庄时，远东大师们就在宣扬这一教义，并且进行了实践。

瑜伽既有肉体法则也有精神法则。尽管聪慧的远东大师们大多看起来瘦骨嶙峋，但他们却四肢健全、身强体健，而且他们的肉体具有不同寻常的耐力。如果我们能够遵行他们传授的方法，那么我们也能够容光焕发地保持更长久的生命力，而不会像我们现在这样，在中年或更早些时候就开始衰老了。

通常，很多人都会这样抱怨：自己还不到 40 岁，腹部就开始松懈了，肌肉失去了弹性，关节也变得僵硬、不灵活了。如果我们为了赶火车或汽车而快跑几分钟（在西方，这种非自发的运动，是那些 24 岁以上的人所进行的唯一的常规运动），我们就会满脸通红、呼吸急促、心跳像击鼓一般。即便是步行稍长的路程，对于我们大多数人而言，也成了一种考验。当我们走过几个街区以后，酸疼的腿就会迅速向我们传达我们已不年轻了。

"文明"的人类照顾自己的汽车反而比照顾自己的身体更加用心。人们熟知如果让汽车闲置，那么电池将会耗损，机械部分将会生锈。人们会定期给汽车上油、换油、调理发动机，以便保持其良好的运行状态。但人们的身体呢？人们理所当然地肆意使用自己的身体，除了满足身体吃饭、喝水的需求以外，除非身体生病，否则对其毫不关心。

道德家们总是抱怨自私自利支配着人们的生活。通常确实是这样——但通常也不是这样。如果我们真是自私自利的，那么我们应该照顾好自己的身体才对。

从某个角度来说，人类是目光短浅的生物。人们让自己身陷自造的险境之中，却不具备足够的远见将自己解救出来。利用人类发明的机械，人类实现了前所未有的高标准生活。但正如世间所有其他东西一样，机械并无好坏之分，关键在于人们如何使用。当机械为人类提供优良的生活品质时，就是好机械。当机械在某种意义上使人类的身体废弃不用时，就会对人类有害。

<u>最重要的机器</u>

身体是最重要的机器。每天花费几分钟时间锻炼，保持良好的体型，要比日后花费数百美元去看医生，却被告知治愈的方法是呼吸新鲜空气，增加运动，要明智得多！正如诗人汤姆逊所说："健康是天赐的生命之源，而锻炼是健康的生命之源。"

<u>强壮的身体，强大的意志</u>

然而，远东大师们却有更深一层的理解。他们认为用正确的思想对待身体对于练习瑜伽大有帮助。首先，他们看重控制思想，这样才能够有效地集中精神，始终执行精神指令——也就是我们之前所说的专一。他们认为在凝念过程中，精神是最为强大的力量，通过长期练习，可以完全控制身体，每根神经、每块肌肉都会毫不抗拒地执行命令。

<u>简单的瑜伽练习</u>

为了强化意志，瑜伽修行者们设计了一套有助于冥想的体位或姿势，共有 84 种基本姿势，统称为瑜伽姿势，每种基本姿势还包含无数种变化。

对于东方人而言，练习瑜伽并不十分困难，因为他们从小就开始练习了。而对于从未经历长期强化意志与体格训练的西方人而言，练习瑜伽通常极其困难。

在本章的开头部分，我们将会介绍一些瑜伽姿势的基本要点，并会传授一些简单的练习方法。任何人都可以练习，体会权威瑜伽术为瑜伽修行者带来的裨益。在本章的末尾部分，你将会看到一组正宗的瑜伽身印式——瑜伽修行者的瑜伽姿势，以方便你练习。

瑜伽姿势的两大价值

在此推荐的简单的瑜伽练习将会为你带来两大裨益。首先是生理方面：这些练习将会使你的身体更加柔软、更加轻盈。处于良好状态的肌肉群将会运动自如，为你提供更强的耐力。有些练习能够有效治愈颈部、肩膀、手臂、腿部、背部以及身体其他部位的疼痛。

瑜伽姿势的第二大价值在于精神方面或思想方面。由于身心一体，肉体上的变化通常会影响到思想状态。瑜伽修行者在开始冥想的时候或是在冥想过程之中，练习了几个瑜伽姿势。他们发现这些姿势可以放松身体，净化思想。在他们移动四肢，进行练习的时候，起初占据思想的想法逐一消散了，他们的精神状态焕然一新。在你开始冥想或逆向凝念，以对抗体内烦扰你的障碍或软弱之前，像瑜伽修行者那样，尝试几个简单的瑜伽体位练习，必定会使你受益匪浅。

在此推荐的大部分练习都很简单。其中有一些练习需要有一定的基础。你可以挑选最适合你的年龄与身体状态的体位进行练习。而对于冥想练习本身，正如上一章中所述，并没有特殊的姿势或体位要求。对于普通的美国人与欧洲人而言，瑜伽修行者用于集中精神的体位只会令其分心。一位古代印度数论派大师曾经说过：任何简单、稳固的姿势都可被视做瑜伽姿势。这就是他定下的唯一原则。帕坦伽利以及其他一些瑜伽导师也都认同这一原则。

强化腹部

对腹部肌肉非常有益的一项练习是骑乘想象中的自行车。双腿悬空，使其和身体呈直角。双肘平放在地面上，双手扶臀，紧抓臀部，这样可以为你提供支撑力。然后双腿轮流上下运动，就好像在骑自行车一样。

强化背部与颈部

也许有时你会抱怨背部或颈部疼痛。如果这部分最容易被忽视的人体肌肉能够更加强健的话，你就不会碰到这种问题了。强化背部与颈部肌肉的最佳方法如下：

平躺在床上，双手手掌向下。然后，慢慢地抬起双腿，越高越好，从大腿处用力向上推。抬高双腿，置于头部之上，如果你的背部柔韧，那么你的脚趾应该可以触及头部旁边的床体。实现这个体位之后，迅速摆动双腿，使其恢复到原始位置。

也许你最初进行这项练习时，无法得到满意的程度，但只要多加练习，你将很容易做到。只要你愿意去做，那么就如同付出的其他努力一般，你一定会取得成功。这项练习所带来的益处绝对值得你付出努力。实际上，对于很多东方人而言，这个瑜伽姿势是再简单、再基础不过的了，他们无法想象不进行练习就开始一天的生活，其中包括这项站在自己头上的练习——他们不会感到疼痛，即便到了60多岁或是 70 多岁也没有问题!

　　如果你有机会能够见到瑜伽修行者,那么首先令你印象最为深刻的一定是他们笔直的站姿。他也许已经站立了几个小时,但你绝不会看到在我们身上常见的那种懒怠。他的头部高昂,肩膀笔直。另一方面,你也不会觉得他僵硬得好像锡质士兵一般。他虽然抬头挺胸,但却非常放松,因为这种良好的姿势是他们幼年时养成的习惯。

　　由于瑜伽修行者的站姿正确,因此他的所有器官都处于自然、正常的位置,没有受到压迫或挤压。他的脊柱自然直立,因此不会像西方人那样,由于不良的生活方式而带来颈部、背部、腿部与肩部的疼痛。在瑜伽修行者放松的体位与从容的举止之间,你绝不会看到任何神经紧张的表现。

　　只要你决心拥有良好的体态,那么得到它并非难事。而且你也应该让自己拥有良好的体态,因为你的身体健康在很大程度上取决于良好的体态。为了鉴定自己的体态是好还是坏,只需站起来,走到墙边,脚跟、肩膀与臀部都要靠着墙,抬起头,让后脑勺也靠着墙。保持这个姿势几分钟时间,你是否会感到吃力?如果确实如此,那么说明你的体态并不像你想象的那般完美。

　　改善体态的第一步在于思想层面。把上述自己背靠着墙直立的姿势铭记于心,然后,回想肩膀、臀部、头部靠着墙的感觉,一天回想数次。这样,你会发现自己开始自然而然地挺直身躯了,不过,最初克服这个根深蒂固的坏习惯时,需要借助一点意识的力量。挺胸、收肩、抬头、双脚平行、双膝伸直,这样你才能走得更美,感觉更好。良好的姿势可以构建更加强健的身体耐力,可以使你在商务交涉中更加得心应手、从容不迫。

　　良好的坐姿也很重要。如果座椅不舒服，那么你便无法保持良好的坐姿，因此要确保你常坐的座椅要既宽敞又舒适，不要太高或太低，应让双脚能够轻松自如地放在地板上。你的脊柱要挺直，但姿势要放松，要顺其自然，用骨盆区的大骨支撑躯干。如果你的坐姿不正确，那么你的消化器官将会受到压迫，承受额外的压力，因此，在工作时，身体不要过度前倾。不要跷二郎腿，这样会影响血液循环，如果习惯如此，那么会给脊柱与大腿肌肉造成很大的压力。不过，交叉双踝不会造成危害。

　　现在，你已经知晓了什么是理想的站姿与坐姿。如果这不是你的常规姿势，也无须沮丧。任何人都能够改善自己的姿势。当你坐在餐桌或办公桌前时，回想完美的坐姿。尝试练习正确的坐姿。也许最初会比较困难，因为肌肉群与人类一样，会养成某种习惯。然而，只要你能够坚持瑜伽姿势练习，那么你将会发现自己的肌肉会更加柔韧，你可以随心所欲地操控肌群。

为什么不活到 120 岁？

　　瑜伽修行者对于我们西方人的生活方式不屑一顾。他们不会因为吃了我们的食物或是采用了我们的疗法而身亡。瑜伽修行者非常尊重自己的身体，他们一直遵从着身体的自然法则，因此，他们从不生病，而且不可思议地长寿。他们积极向上，能够活跃到最后一刻，而且不会像如今我们所见的大多数老人那样，经历衰老、失忆、痴呆、老迈的过程。瑜伽修行者直到死亡那一刻都始终健康、有活力，只有当他确信自己在人世间的任务已经全部完成时，才会死亡。

我们为什么不能像动物那般保持长久的生命活力？普通动物的壮年期是人类的 7 倍，直到非常接近死亡时，依旧充满活力。人类从 18 岁或 20 岁开始进入壮年期。如果人类能够像动物那样保持长久的生命活力，那么人类应该可以活到 126 岁至 140 岁，而且直到死亡前夕，依然精力充沛。在《圣经》中可以看到这样的承诺。在《约伯传》中，你会看到："他的皮肤将会比孩童更加白皙。他将会返老还童。"此外，在《创世纪》中："上帝说，人既然是属肉体的，我的灵就不会永远住在他里面了，但他的日子还有 120 年。"

"上帝说，我断不喜悦他的死亡，唯喜悦他转离所行的道而活！"

"历史上有很多经过验证的长寿实例，这些长寿者身心健康地享受了很长的生命历程。在女性长寿者之中，最为著名的就是可爱而又浪漫的尼侬·德·恩科劳斯，她迷人、美丽、面容精致、体态婀娜。根据历史学家的记录，即使在她活到 90 岁高龄时，依旧年轻美貌，就如同 30 岁一般，一位只有 20 岁的青年无可救药地爱上了她。她的饮食简单、朴素、毫不浪费。在她生命中，最重要的事情是日间的放松、简单的运动以及平和的心态。"

现代人被数千种不同的疾病困扰着。人们会怪罪遗传因素、大自然、所有事物、所有人，唯独不会怪罪自己的生活状态。其实，文明之人所做的很多事情都是错误的，都是不符合自然规律的，因此引发了疾病与死亡。人们在不知不觉之中，加快了自掘坟墓的速度。人们的不良习惯反映在饮食、呼吸、思考、工作与睡眠之中。人们平时无视自然的法则，然后却仰天叩问自己为何会遭受惩罚。

我们骄傲地指出医学在内科、外科手术与药物方面取得了很大的进步。然而，我们真的是健康之人吗？我们的医生忙碌不堪，我们的医院人满为患。一项对人均44岁的商业主管进行的医学研究报告表明，其中有50%的人患有溃疡、高血压或是心脏病。美国有一半的青年都因生理或心理方面的不适而不宜参军，5人之中有3人会被拒绝到美国海军中服役。

被错误的饮食习惯与不良的现代生活方式所腐蚀的身心，很容易造成神经衰弱，在很多情况下，还会引发精神失常。

加利福尼亚州帕萨迪纳市人类发展基金会的一项近期报告所统计的精神失常数据如下："美国当前面临的情况是：1800万人的生活会长期或偶尔遭受心理疾病或心理缺陷的困扰，而其他人需要以这样或那样的方式为之承担费用与税务。这种情况威胁着每一位具有思想的人。精神失常与低能常常引发悲剧，因此需要尽快解决这一问题。任何社会阶层都无法免受这种困扰。"

以上事实与数据摘自卡尔·A．威克兰博士所著的《通往谅解的大门》，该书由洛杉矶民族心理学协会公司出版。

瑜伽能够帮助你消除疾病，并延长多年的幸福生活。作为具有高度精神力量的精神觉醒个体，尽可能让自己活得长久是你对国家的不可推卸的责任，因为你任重而道远！世间绝大多数人都陷入了无知的巨大沼泽，他们愚蠢得不可救药。你积极向上的影响力也许还可以帮助救赎这个世界！

瑜伽不适于意志薄弱之人

如今，有关关节炎、癌症、心脏病这类疾病的著作大受欢迎，因为这些书籍能够吸引意志薄弱之人。他们希望被告知可以吃自己喜欢吃的东西，可以做自己喜欢做的事情，而这些书正是这么写的。任何需要借助意志力或努力的事情都有悖于他们的初衷。他们不具备人类祖先特有的自律品质。真正被这些书中所写的简单方法治愈的病人少之又少。

如果你也是这类人，那么阅读本书就是在浪费你的时间，因为瑜伽练习需要花费精力与时间。即使每天只练习 10 分钟，也会带来意想不到的惊人效果，这种效果将会激励你付出更大的努力，而你也会从中发现很大的乐趣！

在昆达利尼瑜伽这章中所讲的头倒立式与肩倒立式等练习，对于人体有莫大的益处。据说，用头或肩倒立能够消除脸部与颈部的皱纹。瑜伽弟子经过一到两个月的练习，常会被他人误以为是找整形外科医生做了面部拉皮手术。他们的朋友们都无法相信通过瑜伽练习可以消除皱纹！据说，这种练习还可以防止脱发、防止头发变白。实际上，还能使白发恢复之前的颜色。这大概是因为增加了头部的血液循环。

日理万机的印度总理潘迪特·贾瓦哈拉尔·尼赫鲁大概是世界上最忙的人之一了。即便如此，他每天都会抽出 20 分钟或半个小时的时间练习头部倒立！他说这项练习可以大大增强力量，提高集中精神的能力。

纽约学徒会堂公司曾在 1954 年出版了因陀罗·提毗的著作《永远年轻，永远健康》，她在书中写道："经常会有人问我，瑜伽修行者旨在与神达到精神上的统一，但为什么要如此关注身体保健呢？无论外在还是内在，瑜伽修行者都保持着身体健康、美丽、有型、清洁，这是因为他们把身体视为表现自我终极力量的载体。对他们而言，身体是精神的庙宇，因此，他们坚信应该使身体处在最完美的状态。举例来说，就如同一位小提琴演奏家悉心照料自己的小提琴一般，如果没有小提琴，他将无法表现自己的艺术；正因如此，瑜伽修行者才会如此细心地照料自己的身体，因为这是他表现精神的唯一载体。可以说练习瑜伽有助于体内的'治疗者'、'精神学家'、'牧师'帮助我们保持身心健康与精神意识的完满。"

第十三章

昆达利尼瑜伽

昆达利尼瑜伽是有关昆达利尼莎克蒂的瑜伽，即精神力量的6个中心，也称六轮，旨在唤醒沉睡的昆达利尼莎克蒂（人体的一种神秘力量）。

所有人一致同意一切人类行为的唯一宗旨是为了确保自己的幸福。因此，最高等、最顶端的人必须确保得到永恒的、无限的、完整的、终极幸福。这种幸福只存在于人类的自我或灵魂之中。因此，我们需要在体内寻找，以便得到这种永恒的极乐！

只有人类具备思考的能力。只有人类能够推理、思考、判断。也只有人类才能比较对照、思前想后、得出推论与结果。这就是为什么只有人类能够得到神的意识的原因所在。在自我实现的过程中，只知道吃喝，而不去运用思想力量的人就如同牲畜一般。

噢，世界上一切有思想的人啊，从沉睡的阿加纳（无知）中觉醒吧。睁开双眼，站起来获取灵魂（自我）知识。进行精神撒达纳（祈祷练习），唤醒昆达利尼（神秘力量）。

在集中精神的过程中，你必须仔细收集思想的散射光线。混乱（矛盾思想）将会不断从精神（意识）中涌现出来。你必须压制矛盾思想的光波。当所有矛盾光波平息之后，思想将会变得宁静、祥和。此时，瑜伽修行者才能享受和平与极乐。由此可见，真正的快乐潜藏于体内。要想得到这种快乐，只能通过掌控思想，而不能通过金钱、女人、小孩、声名、地位或是权势。

思想的纯洁可以导向瑜伽的完美。与人相处时，控制自己的行为。不要对他人心存妒忌。要有怜悯之心。不要怨恨犯错者。要仁慈地对待所有人。要做到值得信赖。如果你能够把自己的最大能量投入到瑜伽练习之中，那么你很快就能练成瑜伽。你还必须渴望解脱、离欲（自我克制）。你必须真诚、诚挚。持续专注的冥想是进入三摩地（超意识状态）所必需的。

无分别的三摩地状态是一种超意识状态。这是生命的目标，即志向远大者获悉了有关自我、终极和平、神性以及难以言喻的极乐知识。这种状态也称为瑜伽路达状态。

瑜伽学徒汲取了不朽的甘露，抵达了生命的目标。如今，母亲昆达利尼已经完成了自己的任务。母亲昆达利尼遍布荣耀！希望她能够赐福你们所有人！

昆达利尼瑜伽的要素

瑜伽这个词源自于梵文 yuj，意为融入，在精神层面上，是指人类精神逐渐靠近、融入神灵，并与神灵进行意识交流的过程。

瑜伽修行者不会忽视身体。他能够随着心脏的搏动节奏进行感知，心脏的搏动是宇宙生命之歌。忽视或否定身体的需求，认为身体不神圣，都是在否定最为伟大的生命之源，是在歪曲万物归一的伟大教义，歪曲形神的终极统一性。在这种观念的引导下，即便是最低级的身体需求都会呈现出宇宙的神圣性。当人类努力寻求主宰自我的法则的时候，会搜寻所有层面，包括生理层面、心理层面与精神层面。它们不能分离开来，因为它们彼此相互关联，它们是贯穿一切的唯一意识的不同层面。在以下两种人之中，哪一种更有神性呢？忽视并否定身体或思想，认为自己无法得到精神优势的人；还是珍视身体与思想，将其视做唯一的至高精神产物的人？

在练习瑜伽的过程中，是在努力获取完美的肉体，进而能够使精神力量完全发挥出来。因此，瑜伽修行者所要寻求的是像钢铁一般强壮、健康、没有痛苦、长寿的身体。作为身体的主宰者，要能够掌控生死。光彩熠熠的形体要具有年轻的生命力。要活得如自己所愿般长久，以便享受世间的种种形态。死亡应如自己所愿那般庄严地离去。

基础——离欲

无视自身真正神性的人类，徒劳地想要在幻象般的感官世界中获取转瞬即逝的幸福。世间的每一个人都不得安宁、不满意、不知足。人们总是希望自己能够得到什么东西，但却不清楚自己真正想要的是什么。人们在实现宏伟抱负的过程中，寻找自己所需的安定与平和。但之后却发现世间的成功不过是一种虚幻之物。无疑，人们从中必定无法得到快乐。能够得到的只有学位、证书、头衔、荣誉、权势与声名。

人们结婚、生子，简而言之，追求着一切想象中的幸福，但却没有找到安宁与平和。

难道你不会因为一遍又一遍地重复吃喝、睡觉与交谈等相同的过程而惭愧吗？难道你还不厌烦摩耶（幻境）制造的虚幻目标吗？在这个世界上，你有一位真正的朋友吗？如果自命不凡的所谓的高等人，每天不做精神撒达纳（祈祷练习）进行自我实现，那么人类与动物又有什么区别呢？你还想被激情、感官、性与身体奴役多久呢？鄙视那些沉迷欲望的可悲之人，鄙视那些忘记自身神性与潜藏力量的人！

所谓的有教养之人受限于感官论之中。而感官欢愉毫无乐趣可言。幻象每时每刻都在迷惑着你。混合着痛苦、哀伤、忧虑、罪恶、疾病的欢愉，根本毫无乐趣。转瞬即逝的物质幸福并不是幸福。如果你的妻子去世，你会哭泣。如果你丢失了钱财，你会沉浸于悲伤之中。你想在这种不幸的低级状态中沉沦多久？那些浪费宝贵的生命，只知道吃喝、睡觉、聊天而不做精神撒达纳（祈祷练习）的人，不过是一些牲畜而已。

你渴望终极的和平与快乐。这些只有在自我实现的过程中才能够找到。然后，你会与孤独相伴，一切不幸都会消散。你的身体只用于达成这个目标。日升月落，时光飞逝，你还在浪费时光吗？

"你被欲望、活动与各种焦虑禁锢在俗世之中。因此，你没有察觉到自己的身体正在逐渐腐朽，正在被浪费。觉醒吧，快觉醒吧。"

觉醒吧，睁开双眼，诚挚地进行精神撒达纳（祈祷练习）。不要再浪费一分一秒。很多瑜伽修行者、思辨者、达塔特利亚、帕坦伽利、基督、佛陀、乔罗迦陀、马里奇、拉姆·达斯以及其他圣人已经走过了精神之路，通过撒达纳（祈祷练习）实现了自我。要遵行他们的教义与冥冥中的指引。

勇气、能力、力量、智慧、快乐与幸福是你的神圣遗产，是你与生俱来的权利。通过正确的撒达纳（祈祷练习），可以得到所有这一切。认为上师（导师）可以替你做撒达纳（祈祷练习），这种想法非常荒谬。你是自己的救赎者。上师与宗教导师将会为你指明精神之路，驱除疑虑与障碍，给你以鼓励。你必须自己走完精神之路。谨记这一点。你必须在精神之路上踏实地走好每一步。真诚地做好撒达纳（祈祷练习）。让自己从生死之中解脱出来，享受极乐。

什么是瑜伽

瑜伽修行的目的是让修行者在精神层面上实现心灵（灵魂）与超灵（神灵）的统一。实现人类灵魂与梵天的意识交流。"瑜伽就是压制某些世俗的思想作用，苦修精神，呈现出真正的本性。通过修炼（练习）与离欲（自我克制、坚定）可以压制思想中的俗念。"（《瑜伽经》）

过多的交谈、不必要的担忧与恐惧，只会浪费能量。闲话与大话应被彻底禁止。真正的修行者（胸怀大志之人）会少言寡语、一针见血，而且只谈论精神层面。修行者通常都是孤家寡人。摩那（沉默）是所需的特质。结党与传播流言蜚语对于修行者而言，非常危险。与不道德的行为相比，传播流言蜚语更具危害性。因为思想具有模仿的力量。

瑜伽饮食

修行者应该注重完美的训练。他的行为必须文明、礼貌、谦虚、文雅、

147

高贵、慈祥。对于撒达纳（精神练习），他必须具备毅力、恒心、耐心与水蛭般的倔强。他必须具备完美的自制力，专一地朝着自己的目标前进。

暴饮暴食者、感官与坏习惯的奴隶不适合走精神之路。

"在练习瑜伽的过程中，如果不注意节制饮食，那么只会有害无益，患上各种疾病。"食物在瑜伽撒达纳中起着至关重要的作用。修行者应当小心谨慎地选择食物类别。纯洁的食物能够导向纯洁的思想。对于瑜伽撒达纳而言，遵守食物定律非常必要。通过净化食物，可以净化内在本性。通过净化本性，可以强化记忆力。随着记忆力的强化，连接世俗的纽带将会逐渐松开。

我将列出瑜伽练习的食物列表。

牛奶、红米、大麦、小麦、酥油大米、奶油、奶酪、黄油、黄木豆（绿豆）、大扁桃（杏仁）、蔬菜、石榴、甜橙、葡萄、苹果、香蕉、杧果、枣、蜂蜜、干姜等等，这些健康食品都适合瑜伽练习。

水果餐可以对瑜伽练习产生有利的影响。这是饮食的一种自然形态。水果可以生成很多能量。水果有助于人集中精神，轻而易举地凝念。大麦、小麦与酥油可以延年益寿，增强力量与体能。果汁是非常好的饮品，也可以喝杏仁露。

禁食列表

酸的、辣的、苦的、刺激性的食物，盐、芥末、番椒、肉、蛋、鱼、蛋糕、糖果、酒精饮品以及其他与你的体质有冲突的食物应完全禁食。

过自然的生活，吃有益的简单食物。你的食谱应符合你的体质。

只有你自己才能选定最适合自己的瑜伽饮食。

　　人们普遍有一种误解，认为大量进食是保持健康、强壮所必需的。然而，几乎所有疾病都是由于饮食过量或是吃了不健康的食品而造成的。时时刻刻都在进食的人极其危险。这种人非常容易患病，永远也无法成为瑜伽修行者。来听听圣拉玛克里胥那的警示："成功修行瑜伽并不适合饮食过量之人。"

瑜伽练习

　　在下面的篇幅中，我将会介绍旨在激活昆达利尼（身体神秘力量）的不同练习。如果你足够聪明，那么在进行不同的练习之后，你可以轻易挑出最为适合自己的撒达纳（练习），并获得成功。

　　在唤醒昆达利尼之前，你必须拥有纯洁的身体与纯洁的思想。下面介绍的练习旨在净化身体。

什么是菩拉那

　　菩拉那是宇宙中一切能量的统称。它是一种至关重要的微妙力量。呼吸是菩拉那的外在表现。通过练习掌控呼吸，你可以控制体内微妙的菩拉那。掌控菩拉那意味着掌控思想。没有菩拉那的帮助，思想就无法运行。正是微妙的菩拉那与思想相连。菩拉那也是人体内所有潜力的统称，菩拉那遍布在我们周围。热、光、电、磁都是菩拉那的体现。菩拉那与思想相连，通过思想连接着意愿，通过意愿连接着个体灵魂。

　　菩拉那的中心在心脏。虽然菩拉那只有一种，但却有不同的功用。

为此，根据菩拉那的不同功用，可以分别以 5 个名称命名，即：菩拉那、阿帕那、萨马那、优陀那与维亚那。其功用不同，它们占据着身体的不同部位。

在意愿的掌控下，由思想引导的呼吸是一种充满活力的再生力量，它可被有意识地用于自我发展，用于治愈多种绝症以及其他有益的目标。哈他瑜伽修行者认为菩拉那高于意识（思想），因为在熟睡过程中，思想会消退，而菩拉那（生命力）却依然存在。因此，与思想相比，菩拉那的作用更为重要。

如果你知道如何通过思想控制菩拉那的微波，那么你就会知晓控制物质的秘诀。熟知这一秘诀的瑜伽修行者不会惧怕任何力量，因为他已能够掌控宇宙中的一切力量。为大家所熟知的个人力量无非是人们运用菩拉那的自然能力。在生活中，有些人比其他人更强大、更有影响力、更具吸引力。这都是由于菩拉那的缘故，瑜伽修行者会依据自身的意愿有意识地运用菩拉那。

巴斯特累卡（风箱式呼吸法）

这项练习的一大特点是迅速连续的有力呼吸。"巴斯特累卡"在梵文中意为"风箱"。正如铁匠快速地鼓动风箱一般，你也应如此般快速地呼吸。以最钟爱的瑜伽体位（姿势）落座，闭上嘴巴。如同风箱一般快速呼吸 20 次。随着呼吸，不断扩张、收缩胸部。在你练习调息的时候，会发出嘶嘶的声音。你首先要一次又一次地快速、连续、有力地呼吸。这样呼吸 20 次以后，深吸一口气，尽可能让自己舒适地憋住气，然后缓缓呼气。这就是一组巴斯特累卡。

最初可以将 10 次呼吸列为一组，然后，逐渐递增至 20 次或 25 次一组。憋气时间也应该谨慎地逐渐递增。一组呼吸之后休息一小会儿，然后再开始下一组练习。最初每天早晚可以各做 3 组，在适量的练习之后，每天早晨 20 组，晚上 20 组。

巴斯特累卡可以治愈咽喉炎、暖胃、祛痰、消除所有鼻病与肺病、根除哮喘、结核以及其他因黏液分泌过量而引发的疾病。这项练习还可以暖身。它是最为有效的调息练习。

头立式

铺上四层毯子。双膝跪地。交叉手指，使手指彼此锁在一起。把交缠的双手连同肘部平放在地面上。然后把头顶置于交缠的双手上，或是放在两手之间。慢慢地抬起双腿，直到与地面垂直。开始用头倒立时，可以只坚持 5 秒，然后逐渐递增倒立时间，每周增加 15 秒，直到能够坚持 20 分钟或半个小时。然后，慢慢地落下来。强壮的人在 2 到 3 个月之内就可以做到将这个体位坚持半小时。这个姿势有益无害。如果你有时间，可以每天早晚各做一次。练习这个姿势时，应非常非常缓慢，以防痉挛。用头部倒立起来以后，应通过鼻子慢慢呼吸，绝对不要用嘴呼吸。

头立式是神佑，是甘露。这个体位的作用与效果难以用语言形容！这个瑜伽体位可以使脑部获得充足的菩拉那（生命力）与血液。可以大幅强化记忆力。律师、神秘主义者与思想家都高度青睐这个瑜伽体位。

肩立式

　　这个神秘的瑜伽体位具有神奇的作用。在地板上铺一张厚厚的毯子，在毯子上练习这个体位。平躺下来，慢慢地抬起双腿。提拉，使躯干、臀部、腿部与地面垂直。两手分别置于背部两侧进行支撑。肘部放在地上。下巴抵住胸部。身体不要前后晃动或摇动。腿部伸直。练习这个体位时，身体的全部重量都在肩膀上。你只是借助肘部的支撑与帮助实现肩部倒立。尽可能舒适地憋住气，然后通过鼻子慢慢呼气。

　　这个体位可以每天早晚各练习一次。最初可以坚持倒立2分钟，然后逐渐递增至半个小时。

作用

　　这是治愈所有疾病的"万能特效药"。它可以点亮精神能量，唤醒昆达利尼莎克蒂（身体的神秘力量），消除所有肠胃疾病，强化思想力量。

　　这个体位可以将大量血液供应到脊神经根部。正是这个体位将血液聚集到脊柱、充分地营养了脊柱。但在练习这个体位的时候，没有余地可供神经根部汲取多余的血液供应。这项练习可以使脊柱非常有弹性。脊柱具有弹性意味着青春永驻。它可以刺激你的工作。可以防止脊柱过早僵化（硬化）。因此，你可以长期保持青春。僵化也就是骨头退化。在早期骨质僵化的过程中会迅速呈现出衰老。在骨质退化过程中，骨头会变得坚硬而脆弱。这项练习就如同有力的血液滋补与血液净化一般，可以调节神经。练习肩立式的人会非常敏捷、灵活，充满能量。背部肌肉可以交互收缩、放松，然后再拉伸。通过这些动作，背部可以得到良好的血液供应，获得滋养。各种肌痛（肌肉风湿）、腰痛、扭伤、神经痛等都可以通过这个瑜伽体位得到治愈。

脊椎会如同橡胶一般具有弹性。脊椎是非常重要的组织。它支撑着整个身体。它包含脊髓、脊神经与交感神经系统。因此，你必须保持脊柱的健康、强壮与弹性。腹部肌肉与大腿肌肉也可以获得很好的调整与滋养。肥胖、习惯性慢性便秘、消化不良、肾脾充血都可以通过这个瑜伽体位得到治愈。

双腿坐体前屈式

坐在地上，双腿伸直，就如同木棍一般。用拇指、食指与中指抓握脚趾。在抓握过程中，躯干前倾。肥胖人士会觉得屈体非常困难。呼气，缓慢地弯曲，以防痉挛，直到前额触碰到膝盖。你甚至可以让面部达到膝盖之间。在屈体的过程中收腹，这样可以有助于你向前屈体。一点点逐渐屈体，慢慢来，不要着急。在屈体的过程中，把头部埋在双手之间，保持在同一水平。脊柱具有弹性的年轻人，甚至在首次练习的时候，就能够让前额触及膝盖。对于脊柱僵硬的成年人而言，成功地完成这个姿势大约需要花费 2 周或 1 个月的时间。收回前额之前屏住呼吸，回到原始姿势，直到再次坐直为止。呼吸。

保持这个姿势 5 秒钟，然后逐渐递增至 10 分钟。

作用

这是一个优秀的瑜伽体位。它可以减去腹部脂肪，使腰部纤细。

这个体位专治肥胖，对于肾脾扩张具有很好的收缩效果。与肩立式刺激内分泌腺的效果相比，双腿坐体前屈式刺激腹部内脏的效果毫不逊色，如肾脏、肝脏、胰腺等等。这个瑜伽体位可以缓解便秘、消除肝脏不适、治愈消化不良、打嗝、胃炎，可以治愈腰痛与各种背部肌痛。这个体位还能够缓解痔疮与糖尿病，可以使腹肌、太阳（腹腔）神经丛、上腹丛、膀胱前列腺、腰神经、交感神经束都得到调节，保持健康、良好的状态。

孔雀式

这个体位比肩立式难。它需要具备很好的体力。

跪在地上，坐在脚趾上，抬起脚跟。两个前臂合在一起，两个手掌撑在地上，两个小指紧挨在一起，朝向双脚。现在，前臂对整个身体形成了稳固的支撑，以便待会抬起躯干与双腿。现在，缓慢地放低腹部，抵在合拢的双肘上，用双肘支撑身体，这是第一步。伸展双腿、直直地抬起双脚，与头部同高，这是第二步。

初学者（新手）会觉得从地面抬起双脚以后很难保持平衡。在前面放一个靠垫。有时你会向前跌倒，给鼻子造成轻伤。当你无法保持平衡的时候，尝试向侧面滑落。如果你觉得同时向后伸展双腿非常困难，那么可以先慢慢地伸直一条腿，然后再伸直另一条腿。如果你采取身体前倾，头部低垂的方式，那么双脚会自动离地，这样你便可以非常轻松地伸直双腿。当你摆好这个姿势以后，身体应呈一条直线，而且与地面平行。这个姿势非常美观。

作用

这是提升消化功能的神奇体位。它可以治愈消化不良与胃病。通过增加腹部压力，可以使整个腹部组织得到适当的调节与刺激。这个姿势可以消除肝脏不适。可以调节肠道、治愈便秘（普通便秘、慢性便秘与习惯性便秘）。可以唤醒昆达利尼。

瑜伽体位指南

1. 要经常练习。那些三天打鱼，两天晒网的练习者不会得到任何裨益。

2. 应在早晨空腹的时候练习瑜伽体位，或是在吃完饭 3 小时以后练习。早晨是练习瑜伽的最佳时间。

3. 最初的时候，也许你无法完美地做出某些瑜伽姿势，但熟能生巧。这需要有耐心、恒心、诚心。

4. 如果你能够讲究饮食，练习瑜伽姿势与冥想，那么在短期内，你将会双眼炯炯有神、面色红润、思想平和。对于瑜伽修行者而言，哈他瑜伽能够确保美丽、强壮与精神成就。

思想平和

思想平和可以通过培养实现。练习 9 种奉献方法将会逐渐使你达到思想平和。持续布道、吟诵、祈祷、冥想、默念、拜赞、侍奉圣人、乐善好施、秋千节等等将会有助于发展奉献精神。

圣罗摩奴推荐以下述方法来发展奉献精神：Viveka——辨别，Vimoka——摆脱肉欲，Kriya——与人为善，Kalyana——祝福所有人，Satyam——诚实，Arjavam——正直，Daya——怜悯，Ahimsa——非暴力，Dana——慈善。

瑜伽修行者的力量

通过熟练地控制呼吸、控制神经系统，瑜伽修行者可以战胜冷热。瑜伽修行者可以忍受极其严酷的气候，而不会感到不舒服。

凝念

将思想专注于体内或体外的某一目标，并坚定地持续一段时间。这就是凝念。这些练习每天都要做。瑜伽的基础就是凝念。

集中精神

练习集中精神的人进步很快。他们能够高效率地在短时间内完成任何工作。对于具有专一思想的人而言，普通人6个小时才能完成的工作，他们只用半个小时就可以轻松完成。集中精神可以净化、平静冲动的情绪，强化当前思想，明晰理念。集中精神还可以使人在物质方面取得进步。它可以使人在办公室或商务间表现出色。过去的云雾与阴霾，如今都变得明朗了；过去的复杂、混乱、迷惑，如今在思想控制中都变得简单了。通过集中精神，什么事情都可以做到。对于经常练习集中精神的人而言，没有什么是不可能的。千里眼、顺风耳、催眠术、音乐、数学以及其他科学都要依赖于集中精神。

退隐到一间安静的房间之中，闭上双眼，开始专注自己的目标。开始的时候，思想中可能会呈现出一些其他无关紧要的想法。思想开始徘徊，你也许会想到某一天晚上看过的节目，也许会想到购物时的情况。你应该试着限定思想界限。任何思想都不要超出这个界限。不要浮现与当前目标无关的其他思想。思想会力争走老路线。开始时，你必须艰苦对抗。这个过程有点类似于攀爬陡峭的山峦。当你能够成功地集中精神以后，你会欢欣雀跃，感到无限幸福。

对于初学者而言，刚开始练习集中精神非常累人。初学者必须在思想或大脑中刻画新的沟槽。经过一段时间以后，大约2到3个月，他就会发现极大的乐趣，享受到新的快乐。集中精神是摆脱悲惨与苦难的唯一途径。你的唯一职责就是要做到集中精神，通过集中精神得到最终的幸福与自我实现。

拿破仑·波拿巴

拿破仑·波拿巴是一位专注的伟人。他的所有成功都应归功于集中精神的力量。他曾患过多种疾病，如：癫痫性痉挛、心动过缓等等。然而，即使在病痛的折磨下，他仍能表现得充满力量。他可以根据自己的意愿，在任何时间入睡。他一上床就鼾声大作。他能够在指定的时间一跃而起。这就是一种神通。他从不迟疑或者犹豫不决。他具有高度发达的瑜伽专一思想。实际情况表明，他可以从大脑中调阅任何思想，随意进行审阅，完毕之后迅速收好。他在大战之夜也能酣然入睡，丝毫没有任何担心。这都要归功于他集中精神的力量。集中精神可以做到任何事情。思想不集中，什么事情也做不好。

隔绝

如果环境有碍你做到摩那（隔绝），那么你应该严格避免长谈、交谈以及所有无用的讨论，尽可能使自己远离社会。过多的交谈只是在浪费能量而已。如果能够通过摩那（隔绝）把这些能量积攒下来，那么能量将会转化为精神能量与力量，进而帮助你进行凝念（冥想）。

志向高远之人应该总是形单影只。这是精神进步的重要因素。与大家混杂在一起非常危险。独自进行撒达纳（精神练习）是必不可少的。所有能量都应该小心储藏。离群寡居一段时间以后，志向高远之人应该不再踏足俗世。他们通过辛苦练习，在 5 年隐居生活中得到的一切，将会在与世人混杂的一个月之内消失殆尽。已经有几个人向我抱怨道：他们就是这样丧失了集中精神的力量。

当某人练成瑜伽之后，如果能够不受世间有害的敌对思想的影响，那么此人可以再次踏足俗世。如果你混杂在志趣相投的瑜伽修行者之中，那么并不会对你造成任何危害。你可以与他们讨论各种哲学观点。你可以与已达到三摩地（精神状态）的高级思想者为伍。

任何事情都要循序渐进。对于世人而言，立刻进入彻底的隔绝状态非常困难。

如果你不能正确控制自己的思想，那么在日常生活中将会遇到很多困难。例如，如果有人伤害了你，你立刻想要进行报复，以牙还牙、针锋相对，变得越来越暴怒。对伤害的每一次回应都表现出你的思想已经失控。处于暴怒之中的人会失去能量。此时想要达到思想的平衡状态是不可能的。愤怒会滋生其他所有不洁的物质。如果能够把愤怒转化为爱心，那么它将会变成可以打动整个世界的强大力量。

如果你有喝威士忌、咖啡等饮品的坏习惯，并且想要戒除它们，那么你可以进入冥想室，在神面前许诺自己从现在开始将会戒除这些坏习惯，同时把自己的这一决定告知朋友们。如果你的思想漂移到这些坏习惯上，你将会自然而然地为延续坏习惯而感到羞愧。也许会有几次失败，但要坚持对抗。你还可以通过学习宗教书籍戒除所有不良习惯。如果你还是觉得难以戒除坏习惯，那么你所能采取的最后一个方法就是远离当前社会，逃离到没有这些东西的地方。以强制的方法来戒除坏习惯。

培养忍耐力。学会均衡地承受幸福与不幸，历经所有生命历程与一切体验。

谦恭是最为高尚的美德。通过培养谦恭，你将会摧毁自私思想。你可以影响他人，你将会变成吸引世界的磁石。你必须诚恳，伪装的谦恭是伪善的。河流之所以伟大是因为它们谦恭地把自己置于山脉溪流之下。

通过练习集中精神、耐心与深入冥想来控制愤怒。

当愤怒得到控制，并被爱心替代的时候，它将会转化为可以打动整个世界的能量。愤怒是激情的变体。如果你能够控制欲望，你就能够控制愤怒。在你感到愤怒的时候，可以喝一点水。它可以冷静头脑，平息兴奋、急躁的神经，也可以从 1 数到 2，当你数完 20 的时候，愤怒就会平息了。仔细留意小的易怒情绪或思想波动。这样将会更有利于你控制愤怒。要小心谨慎，不要让愤怒爆发出来，变得一发不可收拾。如果你觉得控制愤怒很困难，可以出门慢走半个小时。可以冥想。冥想可以提供巨大的能量。

由于受到感官、不良朋友、胃胀，以及宇宙间的星云体、阴天等的影响，新手在开始冥想时，总会感到沮丧、失望。因此必须通过快乐思想、轻快漫步、歌颂、欢笑、祈祷、深呼吸来消除不良情绪。

如果你希望快速进入三摩地，那么可以切断与朋友、亲戚及其他人的所有联系，专注于连续祈祷，投身冥想。

"疾病、思想倦怠、疑虑、冷漠、懒散、注重感官享受、麻木、错误观念、无法集中精神、坐立不安、心神不定，这些都是扰人心神的阻碍。"

如果练习者忧郁、沮丧、虚弱，那么他的撒达纳（思想练习）无疑会出现问题。如果连修行者自己都忧虑、暴躁，他们又怎能把快乐、平和、强大传递给他人呢？快乐的、时刻微笑的面容无疑是高尚、神圣生活的标志。

噢，欢欣鼓舞、热情澎湃的年轻的修行者啊！在达到超意识状态之前，请耐心、坚定地进行撒达纳（精神练习）。掌握好瑜伽的每一个步骤。在向更高一级进取之前，一定要彻底打好较低一级的基础。

通过禁欲、爱戴上师、不断练习，不久之后，你必定可以练成瑜伽。志向高远者要始终耐心、坚毅。

昆达利尼（身体的神秘力量）首次苏醒时，瑜伽修行者将会得到以下6种短暂的体验——精神极乐，身体与四肢的震撼，从地面升起，神圣的陶醉，昏厥，沉睡。

在你刚得到一点点体验的时候，不要暂停撒达纳（精神练习）。继续练习，直到获得完美体验为止。

漫不经心的生活将会一无所获。列出每日计划，然后，不计代价地切实遵行计划。这样，你必定会走向成功。

　　你首先要与自己的肉体分离，然后通过思想界定自己，然后才能在思想层面进行修行。通过集中精神，超越身体意识；通过冥想，超越思想；最终通过三摩地（超意识状态），抵达目标。

　　通过在思想中不断鼓励自己，彻底消除恐惧。专心执着地思考勇气。恐惧是由无知造成的暂时的非自然表现。

　　不要被声名所左右。要忽视这些微不足道的东西，要坚定地练习。在达到最终的祝福极乐之前，绝对不要暂停撒达纳精神练习。

　　阿胡拉·玛兹达（Ahura Mazda）——波斯索罗亚斯德教的造物主。

运用本书的秘密法则，你将获取生活中你

渴望的一切美好事物。